U0535627

刻意暂停

〔韩〕全玉杓 ◎著 刘小妮 ◎译

中国友谊出版公司

图书在版编目（CIP）数据

刻意暂停 /（韩）全玉杓著；刘小妮译 . —— 北京：中国友谊出版公司，2023.6

ISBN 978-7-5057-5622-9

Ⅰ.①刻… Ⅱ.①全… ②刘… Ⅲ.①成功心理－通俗读物 Ⅳ.① B848.4-49

中国版本图书馆 CIP 数据核字（2023）第 046854 号

著作权合同登记号　图字：01-2023-1065

리부팅 REBOOTING
Copyright © 2015 by Jun Og Pyo
All rights reserved.
Translation rights arranged by Joongangilbo s
through May Agency and CA-LINK International LLC.
Simplified Chinese Translation Copyright　2023 by Beijing Standway Books. Ltd

书名	刻意暂停
作者	[韩] 全玉杓
译者	刘小妮
出版	中国友谊出版公司
发行	中国友谊出版公司
经销	新华书店
印刷	河北鹏润印刷有限公司
规格	880×1230 毫米　32 开　7.5 印张　135 千字
版次	2023 年 6 月第 1 版
印次	2023 年 6 月第 1 次印刷
书号	ISBN 978-7-5057-5622-9
定价	45.00 元
地址	北京市朝阳区西坝河南里 17 号楼
邮编	100028
电话	(010) 64678009

序言

暂停，是为了走得更远

每个人都把忙碌挂在嘴边。无论是在职场拼搏的人，还是学生，都好像在不停地追逐着什么。或许是因为担心自己一旦停下脚步就会落于人后吧。这样的想法让大家一直闷头往前冲，却从来不知道回过头检视过去，也不知道自己的目的地是哪里。

我们有时候会出现身体不想动弹、心里什么都不愿想，也没有任何欲望的情况。因为饱受疲惫和无力感的折磨，我们开始产生自我厌恶感，这就是所谓的倦怠。这个词也可以解释成"职业过劳"。耗尽了体内所有能量的人，必然会走向崩溃。

我在三星电子（Samsung Electronics，简称三星）工作了很长时间，离开三星之后便走向了创业之路，也曾做过大学教授，后来还创办了经营研究所，向许多企业提供管理咨询服务，也为职场人开设培养洞察力的课程。我见过无数辛苦地活着的职场人，他们就像被安装了"安全阀"，因倦怠而断电，随后陷入进退两难的困境，疲惫不堪。如何帮助这些人鼓起勇气再一次出发呢？这是我研究的课题之一。

我也曾感到精疲力竭、前途茫然，幸运的是我每次都经得住考验，在休整之后重新出发，并把这些经验转化为成长的动力。因此我也被朋友们称为"不倒翁"，大家都认为我在摔倒后能一下子就重新站起来。但事实上，如果想让不倒翁在很短的时间内站起来，就必须先让它倒下，它必须借助倒下时的反弹力才能站起来——我们如果想再次出发，也必须先"倒下"。

可人们总是对不倒翁从倒下到站起来的过程不感兴趣，但这个过程是十分重要的。在我看来，暂停之后重新开始的过程，就是通往幸福和成功的捷径。这是我从无数次"倒下"之后又重新站起来的经历中领悟出的道理。为了获得人生的幸福和成功，我们需要"暂停之后重新出发"的过程，我把这个过程称为重启。

所谓的重启，是指停下脚步，转身看看自己过去的人生，重新规划路线并积蓄再次出发的力量。在人生这场比赛中，有时候需要跑得很快，有时需要慢慢走，甚至有时还需要暂停一下，只有这样不断调整前进的速度，才能抵达终点。所以，无论是当我们感到生活艰难、一成不变或陷入倦怠时，还是在自认为状态不错时，都可以通过重启来调整人生。

无论是谁，只要活着就会遇到无数问题。在遇到问题时，我们是打算抵抗到底，盲目地冲撞，还是打算泰然地接受这一切，并从中找到新的出路？如果我们想选择后者，那就需要重启，这也是创造出更美好明天的关键。

两点之间的直线距离最短,但在人生的路途中,两点之间最短的距离往往不是直线,因为直线可能根本就走不通。选择走曲曲折折的路线,有时候停下来休息一下,反而能比走直线更快地到达目的地。或许,这就是人生的不容易与有趣之处。

我想跟读者们分享如何鼓起勇气面对未知未来的技巧和进一步成长的秘诀,因此我把长久以来的研究成果和个人经验写了下来。在这本书中,我向大家介绍了6阶段重启法,具体包括暂停、调整呼吸、定位、再出发、贯彻、飞跃这6大阶段。我会在之后的篇章中详细说明重启的过程,帮助大家轻松地应用在工作和生活中。

从兴奋到熟悉,再从熟悉到一成不变是大多数人的人生周期。我们怎样才能在这个循环的周期中取得成功、拥抱幸福呢?从现在开始,我会把一些有关重启的故事一一分享给读者。虽然我在本书中提及的大多是和职场人、企业有关的案例,但是我相信6阶段重启法可以用在所有人身上。通过重启,冷静地观察自身、重新磨炼自己,每个人都能遇见更好的自己。

最后,我要感谢韩国中央图书出版社的老师们和"获胜经营研究所"的研究员们为本书提供的各种帮助。书中内容虽然尚有不足,但我相信这本书一定能帮助许多读者走上幸福和成功的道路。

全玉杓

目 录 CONTENTS

新的开始　人生也需要重启

005　为什么我们总是觉得很累呢

010　暂停不会使你落后

013　重启能帮你摆脱痛苦

016　重启能切断错误的模式

019　何时需要重启

023　摆脱一成不变的生活，拥抱全新的自己

027　6阶段重启法

031　💡 自我觉察　暂停是为了走得更远

第一阶段　暂停——观点重启

- 039　如何逃出人生的漩涡
- 042　暂停，就是改变观点
- 045　重新搭建人生的框架
- 048　不同的视角带来不一样的风景
- 051　从小事中找出生活的意义
- 054　感到痛苦时，请先改变观点
- 059　💡自我觉察　认知层次决定人生高度

第二阶段　调整呼吸——目的重启

- 065　人不是机器，所以需要恢复期
- 068　正确定义问题比解决问题更重要
- 077　重新确定人生目的
- 080　设置阶段性目标
- 085　寻找具有可执行性的方案

089 "相信"的强大力量

093 组织的"目的重启"

097 💡 自我觉察　明确目的能产生动力

第三阶段　定位——方向重启

105 你的前进方向正确吗

108 方向对，结果就不会错

111 跟随价值观就能找到人生的目的地

116 制造自己的指南针

122 不知道该怎么做时，先画人生设计图

126 绘制人生设计图的方法

130 在心生疑惑时检查方向

132 💡 自我觉察　找出工作方向的"3本笔记"

第四阶段　再出发——流程重启

141　成功之路一定是别人没走过的路

144　先犯错才有机会改变

147　解决问题要靠流程重启

154　我的成长笔记

157　精简流程才能实现高效工作

161　💡 自我觉察　答案就在流程中

第五阶段　贯彻——自我重启

167　享受自己正在做的事，才会对自己充满期待

171　不必和别人同步，要活得像自己

175　别让职业名片限制自己

180　买什么会让你更幸福

184　担心自己不够专业，不如广泛累积经验

187　从做自己能做到的事开始

190　真正的秘诀是热情

194　💡 自我觉察　人群中的我 VS 唯一的我

第六阶段　飞跃——行动重启

201　暂停的目的是实现飞跃

203　改变行动才能改变结果

208　飞跃，需要毅力

213　轻易能获得的东西也更容易失去

215　先做不想做的事

219　💡 自我觉察　有斗志才能做出改变

223　**结语　暂停的勇气**

新的开始

New Beginning

人生也需要重启

人们不愿意做出改变以获得更好的东西,并因为害怕发生不好的事情而固守令人不满的生活方式。

　　　　　　　　——作家　埃里克·霍弗(Eric Hoffer)

为什么我们总是觉得很累呢

"我过去那么辛苦地学习和工作,好不容易走到今天,现在突然觉得空虚。"在我为别人提供咨询服务时,许多年轻学子、职场人,甚至是一些企业家都常常对我这样说,他们话语间常出现的词语有"忧郁""无力感""倦怠""千篇一律"等。

我最近经常听到"倦怠"这个词。"我已经完全燃烧殆尽了。"说这句话的人还在不断增多。产生倦怠感时,我们会觉得自己的人生已燃烧殆尽。一些人拼命朝着目标奋斗,但实现目标之后,却反而失去了原有的冲劲儿和活力。"燃烧殆尽"应该是倦怠状态的极致表现吧。

不只是个人会如此,企业也是。刚开始创业时,初创团队总是十分带劲地展开各项工作,但等到公司发展到一定规模后,往往就会出现危机。这时如果没有马上做新的尝试来维持新鲜感，整个团队就很容易陷入倦怠。产生集体无力感的组织就像看起来还可以正常骑，但其实轮胎的某一处已经开始漏气的自行车。

▶ 成长的过程是痛苦的

世上每个人都追逐着自己认为重要的东西，认真地活着，但可能在某一瞬间就像撞到墙壁似的，突然失去人生的目标和方向，开始彷徨失措。"我明明这样努力地活着，为什么还这么辛苦呢？"好不容易度过紧张、心惊胆战的时期，正要享受安稳的生活时，又陷入倦怠和千篇一律的状态，难道生命在对我们开玩笑吗？要知道，郁闷并不会带来任何改变。我们要接受这是自然的现象。就像成长的过程中必然会摔跤，在心理成长时，也会有"精神上的痛楚"。

我见过许多在各个领域卓然有成的人，他们大多数属于工作狂，即使因为一成不变和倦怠而苦苦挣扎，也不愿意放下工作。因为他们一旦不忙，就不知道要做什么事来打发时间，所以总是排满行程。一些人会安排毫无意义的会议、马不停蹄地打电话和发送邮件，借此来掩盖自己的不安。或许这些做法可以收获暂时的效果，但精神和体力只会慢慢地被逼到极限，最后因为过度疲累产生身体上的疾病或精神上的恐慌症，严重时还会得抑郁症，结果反而害到自己。

我也曾经遭遇这种危机。当时我认为自己正走在一条宽广畅通的人生大道上。我认真读书，考上好大学，也进入了人人羡慕的大企业工作。刚开始上班时，我为了早点适应职场生活，每天忙得不可开交，也为了表现得更好和得到认可，只顾着往前奔跑。这样过了一两年之后，我好不容易才熟悉了工作和职场生活，个人能力也获得了认同。正当我认为自己的前景一片光明时，突然感觉一切了无生趣。在那之后，这种感觉还出现了好几次，尤其是在我获得特别亮眼的成就之后，一定会出现这种倦怠感。

我用自己的方法度过了那段倦怠期，同时也感觉到人生似乎存在着某种周期。只要好好利用这个周期，就可以让倦怠期转变成下一次飞跃的契机。

▶ 我已经陷入职业倦怠了吗？

世界卫生组织对职场过劳的定义是"无法妥善管理慢性职场压力"。倦怠的麻烦就在于我们很难在初期发觉。当察觉到自己陷入倦怠状态时，通常已经到了相当严重的程度了，并且大多数人即使知道之后，也不愿意去积极治疗，反而让总产生无力感这一情况持续恶化。自我觉察的能力对于预防倦怠非常重要，因此必须时时自我观察，倾听身体和心灵的声音。

"我是不是也陷入了倦怠状态呢?"如果你有这样的疑问,可以用这份简单的测试题来检查自己的状态。倘若总分超过65分,就说明你现在应该接受专业的心理治疗了。

倦怠状态的自我检查表

	项目	完全没有	偶尔如此	有时如此	经常如此	总是如此
1	容易感到疲惫。					
2	一天结束之后,感到筋疲力尽。					
3	经常听到别人说自己看起来很痛苦。					
4	对工作不感兴趣。					
5	慢慢变得冷血。					
6	无缘无故地感到伤心。					
7	常常遗失物品。					
8	越来越烦躁。					
9	无法忍住脾气。					
10	对周围的人感到失望。					
11	独处的时间越来越多。					
12	无法好好享受休闲时光。					

	项目	完全没有	偶尔如此	有时如此	经常如此	总是如此
13	慢性疲劳、头痛、消化不良等症状越来越频繁。					
14	感到处处受限。					
15	对大多数事情都没有热情。					
16	幽默感在慢慢消失。					
17	感觉越来越难跟周围的人沟通。					

完全没有——1分，偶尔如此——2分，有时如此——3分，经常如此——4分，总是如此——5分。

暂停不会使你落后

人们在做任何事情时,一开始都会充满激情和新鲜感。时间久了,熟悉了环境之后,名为"适应"的圈套就会让我们陷入千篇一律的窠臼,因为总是采取同一套方式做事或抱持不变的态度,所以慢慢对工作失去新鲜感和热情。这种状态持续久了,就不再对未来的自己有所期待,最终失去了自信。一开始坚持的梦想也在不知不觉中消失了。那么,我们可以再次唤回初心吗?

使用电脑时,如果程序出了问题,我们会怎样做呢?大多数人都是直接关机,然后重启。这看起来是一个很简单的动作,但神奇的是许多小问题都能靠这个办法解决。重启能让电脑重新运行,而人生的重启则能让生命重新进入正确的轨道。

所谓人生的重启,是指停下脚步,重新检视自己过去的人生，留出让自己重新整顿和养精蓄锐的时间，从而做好重新出发的准备。在漫长的人生中，必须交错着"短暂暂停"和"重新出发"，才能长时间坚持下去，而这样的人生态度不只能够改变一成不变的状态，还可以克服时不时袭来的倦怠、忧郁、焦躁和不安等情绪。

▶ 暂停一下也没关系

有位高考考4次的年轻人，他在第一次高考落榜之后，满怀热情地重考，但连续3次落榜之后，他就慢慢感到厌烦了。他开始犹豫要不要再次重考，并对自己很没信心。

就在要自暴自弃时，他按下了"暂停键"。他一个月内什么事情也不做，只是吃饭和睡觉。就这样，突然有一天他对睡觉也感到厌烦，才重新坐到书桌前。不可思议的是，原本对学习十分厌烦的情绪突然消失了，甚至开始产生兴趣，内心也重新充满了热情。他在第4次考试中，以全班第1名的成绩考上了一所一流大学。这位年轻人在无意识下进行了重启。与其勉强自己前进，还不如暂停一下，这样反而能够重新开始。

暂停能摆脱熟悉感，往后退一步，然后停下来好好回头检视，是一种整理大脑的好方法。这时候再重新开始，就会对原本熟悉的事情产生新鲜感，就像第一次尝试时那样充满激情，也能更加投入地去做之前的工作，这也是维持"初心"的有效方法。我在为许多人提供培训课程的过程中，发现能维持初心的人，往往更容易发挥出潜在能力。

▶ 每天都艳阳高照，世界就会变成沙漠

重启就是恢复初心的过程。当我建议人们重启时，他们都会先把注意力放在"暂停"上，甚至认为暂停就是什么事情也不做，只是玩乐或逃避。但我所说的重启，核心概念不是暂停，而是"重新开始，迎接挑战"。

有句话说，"每天都是艳阳高照，一直不下雨的话，全世界都会变成沙漠"。当然，所有人都希望每天都过得幸福快乐，但这样的人生也会如同沙漠般荒凉，长不出任何东西。人生是由连续的重启组成的。所谓的人生，不是看不到尽头的漫长马拉松，而是由好几场短程赛跑串联而成。因此在每场短程赛跑的中间需要短暂休息，才可以振作精神再次出发。成功的关键就是通过"短程冲刺—暂停休息—重新出发"这一过程来实现自己的目标。

重启能帮你摆脱痛苦

"不劳则无获"这句话大家应该已经听到反胃了,但这是不争的事实。想实现什么或获得什么成就,必然伴随着痛苦。荣格说:"所有精神病都是躲避痛苦付出的代价。"躲避痛苦的代价就是要承受比原本躲避的痛苦更大的痛苦。如果不去面对适量的痛苦,就会错失成长的机会。

我在电视节目上看过喜剧演员李俸源的故事。他在餐饮业投资了好几次,都以失败告终,每个月必须偿还巨额债务,因此他感到很受挫,甚至一度产生极端想法,打算到盘浦大桥跳河自杀。有一天的深夜2点,他站在盘浦大桥上思虑良久,泪流满面,幸好最后他决定转身回家。在那之后,他获得了在"日本居酒屋之神"宇野隆史社长的店里学习的好机会。他从最基本的"向客人打招呼"开始学习,重新思考"所谓的经营是什么",也回头检视过去自认为正确的经营方式。生平第一次接触和学习经营的本质并接受训练之后,李俸源开始考取各种厨师证件,同时开始慢慢地涉猎各种食品。当他脚踏实地慢慢踏上创业的道路,我相信成功已经离他不远了。

逆境和考验总是无预警地出现,我们根本无法提前计划,因此才会感觉更加痛苦和悲伤。面对突如其来的苦难,没有人能镇定自如,也没有人不感到伤心和痛苦。所有人都无法若无其事地活着,每个人都会感到忧郁和挫败,只是感受程度有所差异而已。

我并不是要你忍受痛苦硬撑下去。若只是单纯地忍耐痛苦,那我们能收获的东西是有限的,甚至会延长痛苦的时间。唯有切断痛苦的根源、分散痛苦之后,才可能开始全新的挑战。

当你感到痛苦的时候,不要把注意力放在痛苦上,暂停之后重启吧。如果太过专注于痛苦的原因,反而会让痛苦倍增。只有停止思考痛苦,才能获得心的自由。接下来,只要找到重新开始的方向,就可以分散痛苦。前面提到的李俸源虽然一度达到痛苦的极限,最后还是切断了那个根源。因为意识到难以通过自己的力量真正解决问题,所以他选择从别人身上学习,重新找到方向。像他那样在危机产生之际重启,就可以克服危机带来的痛苦。

许多人在遇到困难时,会买醉或紧抓住一个人来诉苦,想借此摆脱现状。这种挣扎或许可以短暂纾解苦闷,但无法从根本上解决问题。重启并不是这种只能暂时奏效的办法，而是通过持续性的成长，帮助自己找到可以重新开始的力量源泉。

很久之前，一位年过半百的先生毫无征兆地被解雇之后，来找我咨询了一年。不，更准确地说，不是咨询，而是我成为听他讲故事、附和他的朋友。事情过去越久，他越感到痛苦，完全不知道该如何是好。那时候，我告诉他，他已经困在某个地方太久了，并建议他最好来一场旅行。

他接受了我的建议，安排了10天左右的家庭旅行。值得高兴的是，他在旅行之后，找回了些许安全感。就是这样一场简单的旅行，让这位先生短暂地离开了令自己感到苦闷的环境，切断了对"被解雇"的执念。我问他之后有什么计划，他这样回答我：

"我想拥有一个可以做一辈子的职业。"

他通过旅行放下了苦闷的心情，找到了前进的方向。他决定考取与职业相关的国家认证的资格证书，两年的学习之后，他成为一名不动产经纪人，开始了全新的人生。

李俸源和这位一家之主可以克服困难、走出痛苦，就是因为他们适时采用了同一个方法，那就是暂时切断被现况束缚住的状态，重新调节生活节奏。这就是分散痛苦的良方，它能帮我们应对全新的挑战。

重启能切断错误的模式

我周围有许多人过得相当忙碌,甚至有时像在彼此竞争,看谁更忙一些,然而认真观察后,就会发现他们更多时候是"为忙而忙"。这些人好像害怕"不忙",即使有时间,他们也不休息,反而强迫自己要去做些什么,努力让自己变得忙碌。一旦正在进行的事情不顺时,总是一路往前狂奔的他们就会瞬间崩溃。因为他们不曾停下来反思或检查过去的做法,总是一味地往前跑,所以即使现在有心想重新调整,也已经来不及了。

这些人每天让自己陷入忙碌之中,或许可以暂时掩盖内心的不安,但这样的做法会导致错过真正的成长。我看过太多的人因为这样而倒下,真的替他们感到非常遗憾。如果他们能有一段重启的时间,结果一定会大不相同。

重启不只是解决人生难题的锦囊，也是切断负面模式的工具。我们常常听到人们说"想成功就必须懂得规划人生"。而对人生的规划也包含了"断舍离"，也就是说，我们应该抛弃那些对自己的目标没有帮助的事物，去做可以让自己集中力量朝目标迈进的事。通过刻意暂停，可以让自己重新检视目标，重新规划路线，当那些妨碍视野的东西消失之后，自然就会看到通往目标的全新道路。

过去大家都认为"不休息"加上"持续努力"是成功的必备条件，因此听到要先刻意暂停、重启的说法时，还以为是在开玩笑。但事实上，成功往往需要超越常识的悖论。

我们来看看实际的案例。

你应该很难相信全世界最大的出租车公司优步（Uber）实际上并没有属于自己的出租车吧。传统想法会认为要先拥有出租车队，才能经营出租车公司，但该公司就打破了常人的逻辑，他们从"没有出租车也能经营出租车业"的观念出发，制订出全新的企业发展方针。关掉既有的常识系统并完全重新开始，就是所谓的"革新重启"。

这样的做法让 Uber 虽然没有一辆出租车，但却成为全球最大的出租车服务商。这种事例要多少有多少。例如，世界级的电商平台阿里巴巴不以卖出自家产品为目标，主打"住进全世界"的爱彼迎（Airbnb）也没有自己的房地产。这类革新思维并不是来自既有的常识。

不只是企业,成功人士也会经历不被固有模式束缚的重启过程。如果说过去把"往前冲"作为成功的指南,那现在则到了不得不开始领悟"刻意暂停,然后重启"的时刻了。

何时需要重启

阅读到这里,你可能会产生这个疑问:我已经知道一定要重启了,但什么时候才是重启的时机呢?

无论是谁,都无法预知自己何时会遇到挫折或陷入一成不变的生活状态。虽然有许多人工作3年后就会开始感到倦怠,但这并不会影响他们的日常生活。有些刚刚踏入社会的青年早早就感到倦怠,开始过着得过且过的日子,但也有像韩国延世大学的名誉教授、哲学家金亨锡那样,即使已经年过百岁,依然坚持阅读、写作和演讲,天天迎接新挑战。

由此看来,重启是无论何时都可以做,甚至可以说一生都要不断做的事情。为了适应日新月异的环境,想持续地进步和成长,就必须反复地做"暂停之后,重新出发"的重启动作。

这时候，能否自发性地觉察应该重启的时机点，就变得非常重要了。怎么觉察时机点呢？只要了解自己的现况就可以知道。具体来说，如果出现以下 3 个征兆，就到了需要重启的时候。

1. 迫切感消失了

如果处于为了实现目标而不断努力的阶段，当然不需要暂停，一旦这种追逐目标的迫切感消失了，就需要通过暂停来重启。当你想着"从现在起，要舒舒服服地享受"时，就是危机出现的时候。有位求职者嘴巴上总是说自己正在准备找工作，但行动上一再拖延。他一开始心急如焚，所以努力投简历，但在几次失败以后，随着无业状态越来越长，他开始讨厌工作。虽然知道必须去找工作，但因为无业状态太过舒适，他反而失去就业的欲望了。当你的迫切感一旦消失，就要马上中断懒散的日常生活，重新振作起来。

2. 没有什么东西可学了

一成不变的状态特征就是太过熟悉工作之后，内心变得松懈，认为自己再也不用学习了。不再进行学习的人当然不可能继续进步。无论是谁，学的东西再多，掌握得再熟练，一定还会有自己不知道的东西，反而是越学习越发现自己不知道的东西还有很多。世间变化无常，我们身处的环境也总是在变化，有多少人因为拒绝改变，以惯例为借口而落于人后呢？当觉得自己什么都知道之时，就是要马上重启之时。

3. 采用过去的成功模式却没有成效

我见过太多被危机击垮的优秀人才或企业。有许多人在企业内担任中层主管时，常常被称赞能力卓越，一旦他们升为高层管理者，就立马感到相当痛苦。为什么会这样呢？那是因为他们不知道"暂停"。促使他们升上高管的成功模式，在成为高管之后就不再适用，此时若依然固守同一种模式，即使努力工作也做不出好成绩。这个时候就需要暂停一下，修正现在的工作方式，然后重启。

总而言之，当工作内容越来越熟悉，生活变得更舒适时，就需要思考一下重启的时机。当日子千篇一律，对生活没有热情，同时又变得懒散时，也就达到"安于现状"的最高境界了。这时候，我们一定要暂停一下。

企业也是如此。世界在改变，企业也要跟着改变。就算投入相同的时间和精力，当条件、环境改变时，结果也会有差别。条件和环境是不断在变化的，如果一个企业紧抓着过去的经验和成功模式,不知道"刻意暂停",那它的未来是毫无保障的。曾因类比技术创造了一次成功的索尼(Sony)公司,在数位技术发展的时候,错过了改变企业结构的时机;诺基亚(Nokia)是最先开发智能型手机的公司,但由于太过沉迷传统功能型手机带来的美妙成功,最后反而陷入危机。

　　曾经让自己获得成功的策略、方案等,都要勇敢地抛弃,并刻意暂停。我们是为了不被打垮才选择重启。绝对不可以持续执着于过去曾经让自己获得成功的方式,必须在适当的时候停下来,好好地寻找全新的道路。现在正在做的事情,继续用过去的方式来做,不可能带来更大的成长。我们要像熊那样,在冬眠之后,迎来新的春天。我们也需要打造自己的冬眠期。

摆脱一成不变的生活，拥抱全新的自己

有两位樵夫一起砍柴。A 樵夫完全不休息，努力地砍柴；B 樵夫会在砍柴的过程中稍微休息或去做其他事情，然后再回来砍柴。最后没想到更快地砍完柴的是 B 樵夫。

完全没休息的 A 樵夫气愤地问道："你明明在偷懒休息，为什么比我更早砍完？"

B 樵夫这样回答："因为在你努力砍柴的时候，我正在磨斧头。"

A 樵夫因为持续砍柴而全身疲累，而 B 樵夫通过短暂休息再回来砍柴，借此为自己带来新的刺激感。就算只是短暂的储备力量，也能胜过不断消耗力量的人。磨利的斧头更好使用，加上心

情愉悦，当然砍柴的速度就会更快。

我想再次强调，重启并非单纯的休息，而是再次思考自己的目标，找回初心，同时保养自己的工具，最后让自己成功升级。

十年河东，十年河西。世间万物只要兴盛到某个程度就必然开始走向衰败，然后再次走向兴旺。相信自己一定会千秋万代的罗马帝国，也在3世纪之后遭遇严重危机，并最终走向衰亡（东罗马帝国维持了1000多年，但西罗马帝国在467年就灭亡了）。

奥斯瓦尔德·斯宾格勒（Oswald Spengler）在他的著作《西方的没落》（*Decline of the West*）中提出，人类所有文明就像生物学的有机体那样有生、老、病、死的阶段。任何一种文明在诞生的初期都是充满神秘感且活力十足的，但达到顶峰之后就会逐渐走向没落。从文明的发展规律来看，或许罗马帝国的灭亡是理所当然的事。

我们的人生也会陷入这几种模式，即"重复—失去新鲜感""熟悉—日常""一成不变—倦怠、郁闷"的模式。

乔·鲁比诺（Joe Rubino）博士是位畅销书作家，也是位专业的人生导师。他指出只要理解了事物发展的规律和生命的意义，就能够迸发出强大的生命力量。也就是说，我们的目标应该放在弄懂万事万物本来之理上。

B樵夫懂得把一成不变的状态转变成全新的开始（重新获得新鲜感），让自己重新进入全新的挑战循环，这种过程就是重启。接下来，让我们更加详细地了解重启吧！

▶ 暂停之后，重新出发

我们在刚开始做什么的时候，都是充满新鲜感和兴趣的，自然而然地会非常卖力。在持续的学习和努力累积经验之后，就会达到所谓的"熟能生巧"的境界，并做出成绩。

然而，熟悉的状态若持续太久，人就会变得安于现状、懒散和习以为常，很快就会陷入"一成不变"的状态，倦怠、无聊、不安、挫败、忧郁等也会随之而来。

此时，我们不能被这种状态侵蚀，应该选择积极的方法来改变自己。这个积极的方法就是重启。先暂停一下，调整呼吸之后，重新找到方向和方法，并且坚定自我，如此我们才可以再次成长。艰难的"训练"、有意识的"选择"、想"恢复"的意志和努力，可以让我们再次找到初心、找回热情。

我绘制出一幅"人生流程图"，从这张图中可以看出，通过"选择"（暂停、调整呼吸、定位）和"恢复"（再出发、贯彻、飞跃）的过程，可以让我们进入下一个成长阶段（初心、新鲜感、充满热情）。这就是重启的过程。

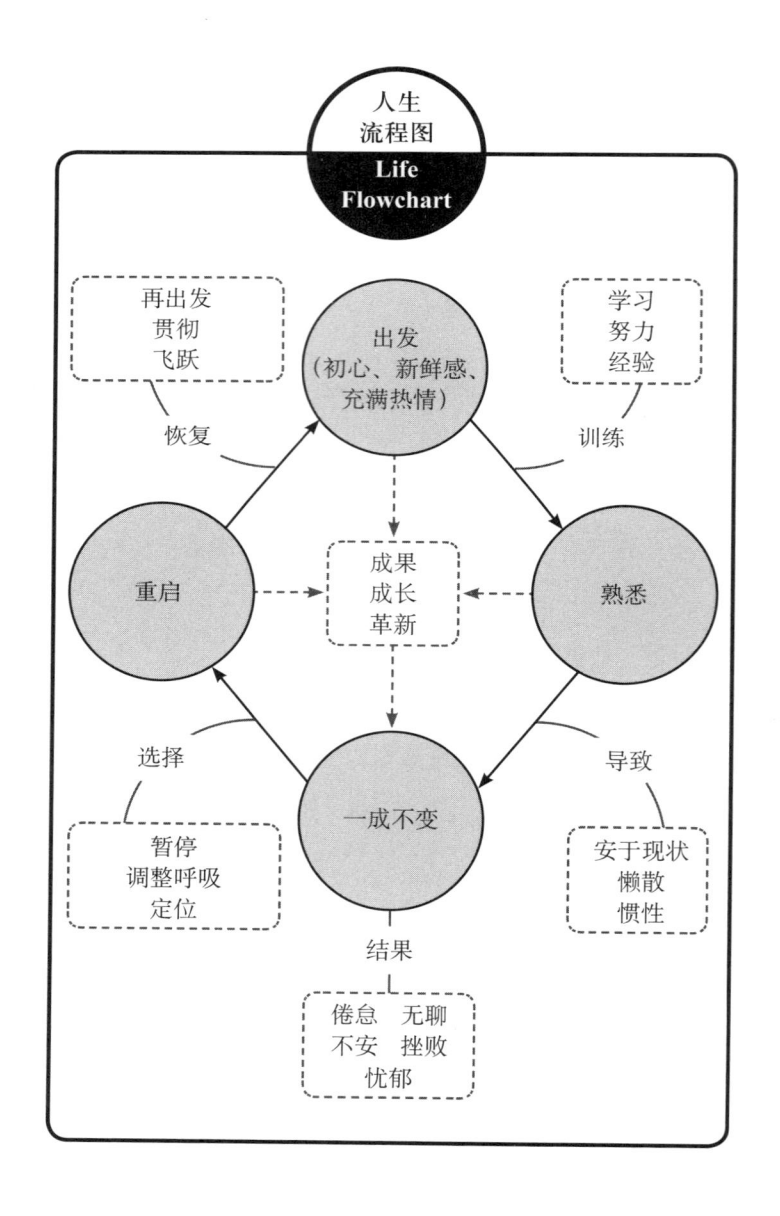

人生流程图
Life Flowchart

- 出发（初心、新鲜感、充满热情）
  - 再出发 / 贯彻 / 飞跃
  - 学习 / 努力 / 经验
- 恢复 ← → 训练
- 重启 ⇄ 成果 / 成长 / 革新 ⇄ 熟悉
- 选择 ← 一成不变 ← 导致
  - 暂停 / 调整呼吸 / 定位
  - 安于现状 / 懒散 / 惯性
- 结果：倦怠、无聊、不安、挫败、忧郁

6 阶段重启法

接下来我将根据前面提到的人生流程图，更加详细地介绍重启的过程。重启由以下 6 个阶段组成。

第一阶段：暂停——观点重启

第二阶段：调整呼吸——目标重启

第三阶段：定位——方向重启

第四阶段：再出发——流程重启

第五阶段：贯彻——自我重启

第六阶段：飞跃——行动重启

首先，第一阶段是"暂停"。这是检视自己拥有什么、需要什么、现在处于哪个位置、周围有什么等的一步，是了解自身状态和面临的问题的阶段。当人往前冲刺时，没有时间去看周围的风景，因此当我们希望做出改变时，最先要做的就是停下脚步，确保自己的注意力放在自己身上，然后仔细地观察周围的环境，找出让自己疲惫的根源。这就是"观点重启"。通过观点重启，你会发现过去认为难以解决的问题其实根本不是问题，也可能会发现某个让自己痛苦的问题，其实并没有那么可怕。

第二阶段是"调整呼吸"。了解了自己的状态和周围的环境之后，就要重新选择自己未来的方向。如果没有目标，漫无目的地乱走，只是浪费时间和精力而已。先缓口气，再确立自己的目标，看看新的前进方向与之前有什么不同，最后根据目标做出行动上的调整。这就是"目标重启"。

第三阶段是"定位"。即便拥有很好的想法和目标，在前进的途中也难免会迷失方向。所以我们就要佩戴一个可以随时检查方向是否正确的指南针。这就是"方向重启"。

在重启过程中，最花费心力的就是第四阶段的"再出发"。这里说的"再出发"不是指单纯地在暂停之后再次行动，而是指暂停之后，用其他方式行动。如果还是用过去的方式行动，那重启就没有任何意义了。在这一阶段，我们必须打破过去的行动模式，在全新的目标和观点的指引下，找出与现阶段各种情况相适应的新方法，然后重新整顿，再次出发。

检查过去的模式中有哪些错误，以及如何改正是非常重要的环节。因为过去的习惯已经深植体内，如果省略了这个过程，就很有可能在下一阶段重蹈覆辙。只有根据实际情况做出恰当调整，才能走上正确的道路。

重新开始可能比最初开始的时候更痛苦，也更加需要耐心。因为这是违反心灵和身体惯性的行为。这就需要第五阶段的"贯彻"。只要确定了"我是谁"，那么即使环境和情况发生变化，"我"也不会因此动摇。这个阶段我们必须把那个淹没在芸芸众生中的自己找出来，找出自己的唯一性。"自我重启"也是再次检查自己是否真正在执行前面4个重启的过程。如果确确实实地把第一到第四阶段都做好了，这个阶段就会进行得相对顺利。

最后，第六阶段是"飞跃"。这既是重启的目的，也是大功告成的阶段。这是万事俱备，即将开始付出行动的阶段。这一阶段需要有坚持到最后的毅力。只有把第一到第五阶段累积下来的力量作为原动力，让"行动重启"落在实处，才能完成重启和成长。

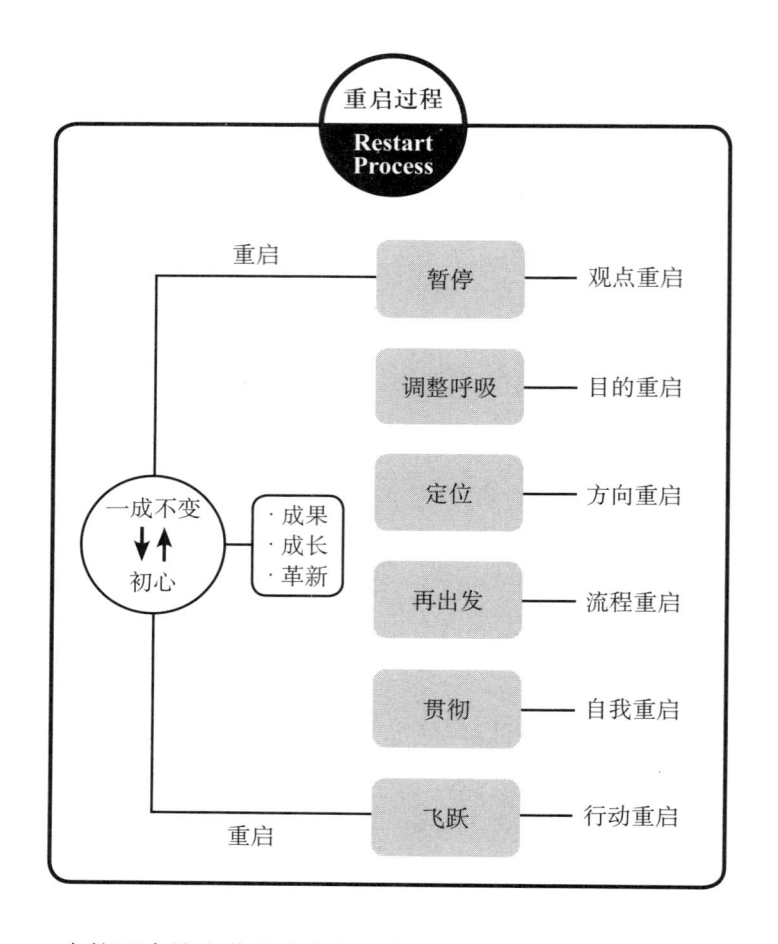

重启过程
Restart Process

- 暂停 — 观点重启
- 调整呼吸 — 目的重启
- 定位 — 方向重启
- 再出发 — 流程重启
- 贯彻 — 自我重启
- 飞跃 — 行动重启

一成不变 ⇅ 初心

- 成果
- 成长
- 革新

重启 / 重启

在接下来的章节中会根据重启的阶段逐个进行详细说明。我会分享为自己带来全新变化的具体的重启方法，希望为一路往前奔跑、疲惫不堪的大家带来活力，帮大家找回最初的热情。

来吧，我们一起出发，让人生重启！

自我觉察
暂停是为了走得更远

我曾在大企业上班,那时候与我一起工作的后辈告诉我一个令人难过的消息。他拼命工作,终于晋升到高管,却在此时发现自己已经是肺癌晚期。

他说:"前辈,从前的我完全不知道休息,拼命地工作,所以我的身体太过劳累。从现在起,我要一边回顾我的人生,一边努力运动,看能不能多活些时日。"

"当然要这样。你之前只顾着往前冲,现在要多去旅行,多和家人们在一起,要留下美好的回忆。请一定要享受全新的幸福。"

只是在那次见面之后,没过多久我就听到他离开人世的消息。我感到非常难过,同时内心也充满了歉意。我们之前可以说是不分昼夜地工作,如今回想,作为前辈,我可能无意中向他传授了错误的工作方式。我自己也是离开大企业之后,才懂得休息的重要性。

无论你是正在学习的学生,还是正在准备就业的年轻人,或是正在工作的职场人,唯有懂得休息才能走得更远。那么,所谓的"暂停之后,重新出发"是什么意思呢?并不是指一直躺在沙发上休息。当然如果你已经累到什么也做不了时,最先要做的一定是尽情地休息。可问题在于人们休息之后,如何再次回到之前的人生道路上?重启中的休息,指的是以改变现状为目的而进行的肉体和精神上的"积极休息"。怎样做才能够健康、积极地休息呢?

第一,维持工作与生活的平衡。我们的人生不可能只有工作或只有生活。当工作和生活失衡时,就会出现问题。就像身体定期要做体检,我们也需要检查工作和生活是否失衡。当我因为过劳而出现问题,不只是我本人,身边的人们也会受到牵连。

我的孩子也因为工作忙得不可开交,于是我买了运动鞋送给他们。我希望他们可以提早1小时下班,走路回家。行走的时候也是独自思考的时间,我们不仅可以利用这段时间重新整理混乱的头脑,还可以从马拉松般的职场生活中获得全新的力量。

第二,学习。刚刚不是才说要休息吗,现在却说要学习,事实上,对于职场人来说,学习也可以是一种休息。一开始工作时,我们急于解决各种问题,但当熟悉工作内容之后,每天的工作就会变得一成不变。我见过太多的职场人陷入这样的模式。

我曾遇到过一位在美国某企业上班的韩国留学生。他已经进入公司好几个月了,但总是没事情可做,所以很苦恼。于是后来他跑去问上司。他说如果上司交付他工作,他一定会很努力地去做，可是为什么不派工作给自己呢？那位上司回复说："我怎么有本事教导已经很厉害的后辈，还安排工作给他呢？如果你有更棒的想法可以帮助公司成长，我可以帮你组织一个团队。"

如果你在完成职务培训之后，只是沿用前人的工作方式，那是不可能走得更远的。如果想中断并摆脱不停地在原地绕圈的职场生活，那就需要进行"自发性学习"的休息。你可以更加深入地研究目前的工作，也可以通过其他学习活动开发自我。如果你觉得自己已经被职场生活淹没，想跳出这个环境，那就更需要"学习"这种休息方法。

第三，在休息的过程中设定大胆的挑战目标。不是设定那种自己一定可以达到的目标，而是需要鼓起勇气去挑战的大目标。

1990年三星电子才刚摆脱二流企业的名声，就提出要在国际市场成为超一流的企业的远大目标。虽然看起来很莽撞，但他们最终的确做到了。2002年的世界杯，胡斯·希丁克教练（Guus Hiddink）带领韩国国家队创造了打进四强的神话，还有朴恒绪教练近年来屡屡带领越南国家足球队创下佳绩等，都是勇敢地挑战看起来不太可能实现的目标才获得了如此辉煌的成就。这种远大的目标可以成为推动我们前进的原动力。

第四，我们还需要培养自己的魅力。诺贝尔经济学奖得主丹尼尔·卡内曼（Daniel Kahneman）认为，"成功最重要的条件不是能力、学历或运气，而是魅力"。他认为魅力是一种资本，因此在休息时培养自己的魅力也是为了走得更长远。

"暂停之后，重新出发"，真正的意思是培养自己在其他层面上的能力。古希腊时期雅典的诗人泰奥格尼斯（Theognis）这样说过："如果神想毁掉一个人，首先会让他知道自己是一个最有前途的人才，然后要他毫不休息地往前冲。"越是觉得自己成功了的人，越需要休息一下再出发。因为人们很容易陶醉于自己的成功，而放弃更进一步的可能性。

第一阶段

Phase I

暂停——观点重启

如果你高效地完成了工作,那就请回头看看,只有静下心来回头看看,才能更有效地完成之后的工作。

——管理学大师 彼得·杜拉克(Peter Drucker)

如何逃出人生的漩涡

我收看在奥地利多瑙河举办的游泳大赛时,常常看到许多选手每次到河中间就放弃了比赛。因为那里是漩涡出现的地方,也是最危险的地方。漩涡对游泳高手来说也是一大挑战。身体越是挣扎,越容易被漩涡吸到深处。选手们就在筋疲力尽之后放弃了比赛,但还是有些选手克服汹涌的波浪后,继续往前游。他们的秘诀是什么呢?他们只是暂时把身体交给了漩涡。把身体交给漩涡的人会被漩涡吸进去,但不久之后就会再次浮出水面。也就是说,在身体被漩涡吸进去再次浮出水面的过程中,只要暂时静静等待就好。从这个角度来看,这是非常简单的诀窍。

如果你现在被卷入人生的漩涡,为了赶紧逃出来正在拼命挣扎,那么请暂时停下来,把身体交给漩涡吧。我每次感到痛苦时,都会先暂停。当我感到很郁闷、处理事情遇到阻碍时，我就会把自己关在小房间里，安静地待着，让思绪稳定下来，享受暂停的时光。我也会彻底放下手机，不再接收外界传来的各种信息，只把注意力放在自己身上，让我再次回想起自己的初心。

许多人在遇到困难时，会更加难以面对真实的自己，可能是因为害怕看到不堪的自己，也不想直接面对现实。可是当你屏蔽掉外面世界的信息，与自己相处的时候，就不得不面对自己。我们有必要在一个安静的地方审视自己，并回顾过往的道路。不要被外界嘈杂的声音迷惑，要去聆听自己内心深处的声音。

生活一成不变的时候也是如此。一成不变也可以用"安于现状"来解释。在职场上，经过激烈的竞争，升到某个位置之后，就会在不知不觉中陷入一成不变的状态。为什么会这样呢？当日常生活就像转盘那样不断重复时就会产生这种感觉，同时也是因为在那之前心里就已经松懈了。我们忘记了想得到珍贵之物的那种渴望感。许多情侣在谈恋爱时，眼中的对方是如此充满神秘感，如此美好，婚后却不再有这样的新鲜感，也是相同的道理。这个时候，我们需要暂停一下，跟自己对话。不要被这个喧嚣的世界迷惑，要专心倾听内在的声音。

请这样问自己：

1. 现在的我遇到了什么问题?
2. 为什么会出现这种结果?
3. 我需要反省和放下的是什么?

当自己的愿望无法实现时,我们必须谨慎地思考,为什么这种情况会一再出现,以及自己要反省和放下的是什么。这里提到的"放下"包括了各种负面的想法、总是妥协的习惯以及一些从众的行为。例如,当自己不得不去做某件事时,就会产生"只要一有机会,我就撒手不管"的负面想法,或不停地埋怨、喝酒度日。

这就是重启的第一阶段:暂停。古希腊哲学家亚里士多德把人的活动分成认识的活动、创造的活动和实践的活动,他说:"人们用反复的行为来定义自己。"回想一下自己每天做了哪些事情。你愿意用这些行为来定义自己吗?如果不愿意,就请马上"暂停"。只有停下来,才有可能修正那些反复出现,但自己并不希望出现的行为。

暂停，就是改变观点

如果不暂停，就无法知道自己现在的观点是对是错。因为人一旦接受某个观点之后，是很难用其他观点去看待事物的。无论是获得多大成就的人或公司，只要无法改变观点，就会被"惯性思维和习惯"牵制，最终走向衰败。努力向前奔跑固然重要，但确认自己是否走在正确的道路上才是更加重要的事情。暂停之后，就可以重新检视自己的观点，也可以重新看到过去自己错过的事物。

暂停的核心就是改变观点。

你是否正在因心理的创伤而难受？如果是这样，请改变你的观点。因为除了自己之外，任何人都无法给自己的内心带来伤痛。换句话说，伤痛的等级是由自己的想法和观念决定的。同样的创伤对有的人来说可能是一生都无法摆脱的痛苦，而对有的人来说，可能只是一件不太开心的小事，负面情绪很快就会烟消云散。所以，不妨就把伤痛留在过去吧！为了拥有美好的明天，我们必须学会保持内心的平静，要努力让自己挣脱单一观点的限制。

你想获得事业上的成功吗？走向成功的核心基础还是改变观点！在通往成功的道路上，我们必须做出一个又一个选择，而为了做出正确的选择，我们就必须学会用不同的观点思考问题。重启不仅可以帮助我们做出选择，还可以引导整个人生朝着正确的方向迈进。

当你感到痛苦或陷入胶着状态时，请暂停一下，用各种观点回头检视自己的选择是否正确，这对看清自己的现状相当有帮助。虽然每个人都有自己的判断与选择的标准，但如果你的判断与选择符合以下标准，那么你的成功概率就会大大提升。

1. 从已有案例中寻找经验。汲取前辈的经验能让自己少走不少弯路，这些经验会成为日后自己做决定的重要参考。
2. 排除所有先入为主的观念，理性看待问题。
3. 善用直觉。通过"观点重启"，我们的直觉会变得更加敏锐。
4. 选择切实可行的方法。可执行性是判断任何一个方案是否有价值的核心标准，如果你发现自己的方案根本无法实施，那就赶快按下暂停键，重新思考判断。

为了实现目标，我们得把自己熔化掉然后重炼。就像种子必须裂开之后才能发芽成长，我们唯有打破既有的观点，注入全新观点之后，才能够获得精神上的成长，这一过程不可能是毫不费力的。"观点重启"要求我们重新检视自己，这并不是件容易的事情，有可能需要做无数次尝试，也可能相当痛苦，但是只要完成观点重启，就会发现在全新观点的帮助下，自己的精神世界有了巨大的变化。从现在起，请大家践行"观点重启"。

重新搭建人生的框架

　　在播种之前，必须先整理苗床。在人生中，这个过程就是重新搭建人生的框架。我曾经在三星电子做营销策划工作。当时韩国的电子产品市场多是以赠品或折扣来吸引消费者购买的，这是行之有效的策略。

　　不过当时我想，如果能够以革新性品牌和商品形象吸引顾客，是不是就不需要花费心力在这些传统的销售方法上了？于是，我提出制造红色冰箱。我希望我们的产品在外形设计上能够打破常规，重新定位受众群体，用时尚、新颖的产品外形来吸引顾客。

　　就这样，"Hauzen"这个品牌诞生了。我们摆脱了降价、赠品、以旧换新等销售手法的既有框架，把"观点"转移到提供全新价值的设计风格和颜色上。一开始同事们都觉得这是一个冒险行为，但事实证明，最后我们获得了巨大的成功。

不要把注意力放在如何击败竞争对手上，如果你希望在你的行业中脱颖而出，就赶快以崭新的方式重新规划竞争场域吧！我在那时体会到这种方式的威力，也重新意识到打造"新苗床"这件事有多么重要。当然这并不是件容易的事，但如果不这样做，是无法走得长远的。现在必须暂停"安于现况且一再重复"的模式了，然后从与众不同的角度去重新检视事情。

▶ 改变，从重新搭建人生框架开始

在这个日新月异的时代，如果想获得新的成就，就不能一直沉溺于过去的成功模式。当我的工作进入瓶颈期时，我发现寻找搭建全新框架的方法迫在眉睫，这一切都要从努力理解市场动向和顾客需求入手。只有看清社会的变化，抓住顾客的需求，才能够重新搭建起有创意的新框架。

以文具来说，在过去，人们普遍更看重产品的耐用性，因此哪家公司的产品经久耐用，哪家公司就能获得很好的口碑，进而取得成功。但随着社会的不断发展，年轻人越来越看重产品的创意设计，甚至在文具方面也开始追求新奇感，在这样的社会大背景下，一些商家成功地搭建了文具的"价值框架"，例如"抗菌笔记本"，这种强调卫生的商品开始上市，并获得成功。

这种重新搭建框架的方法不只适用于企业，对于个人的成长来说也十分重要。即使某人已经在某个领域成为顶尖专家，如果他停止了在自己的专业领域继续开垦和深耕，很快就会变得默默无闻。

阿里巴巴的创办人马云曾说他想获得名校学位，梦想去哈佛大学读书。但是他试了好几次都无法考进哈佛大学，于是将注意力转向了新的"苗床"。他放弃追求学业成就，改用创业来证明自己，最后，他创办了享誉世界的电商企业。

已经获得巨大成就的他，之后又再次搭建出创意性的框架。他在54岁时突然宣布隐退，但同时构建了名为"合伙人制度"的经营体制，这样做的马云其实并没有真的隐退，反而在让阿里巴巴焕然一新的同时，稳居领导人的地位。

他在《马云：未来已来》这本书中这样写道："在未来的100年，人类要知道自己不需要什么。唯有我们知道不需要什么的时候，才知道要守护什么。"

对你们来说，不需要的是什么呢？排除那些不需要的东西之后，剩下的就是大家要守护的东西了。找出自己要守护的东西，利用它们来搭建出全新的人生框架吧！

不同的视角带来不一样的风景

在一望无际的非洲大草原上，生活着许多强壮、凶猛的动物，如大象、狮子、犀牛……真正被称为无敌强者的却是蚂蚁军团。只要遭遇蚂蚁军团，即便是再强大的野兽都无法存活下来，最后只剩下残骸。最弱小的蚂蚁可以展现出如此强大的力量，其原动力是什么？那就是双赢的伙伴关系。团结的力量最大。观察蚂蚁的活动和团体生活，就会发现蚁族分工明确，蚁后只把力气花在产卵上，工蚁负责建造洞穴、寻觅食物、照顾幼虫；兵蚁负责保卫家园。即使我们打乱蚂蚁的阵形，它们也会马上重新回到自己的岗位，井然有序地活动。

我们每个个体都是微不足道的存在。如果我们凝聚彼此的力量，是不是就有能力克服一切困难了呢？在人类社会中，没有任何一个个体可以脱离社会而独自生存，身边的人是我们生活的重要支持者，也是我们生活的刺激剂，能帮助我们踏上通往不同世界的道路。只要彼此努力理解对方，互相扶持着走下去，我们就将获得更多面对未知世界的勇气。

▶ 他人的观点是启发自己的钥匙

人必须维持良好人际关系的一大理由，是可以通过与各式各样的人打交道而接触到各种观点，进而拓宽自己的眼界。你越具有包容力，你的身边就会出现越多有崭新观点的人。美国社会学者吉姆·罗恩（Jim Rohn）说过："你现阶段花最多的时间相处的5个人，他们的特征综合起来就是你当下的特征。"不同角色的人各自有着不同的经验和观点，吸收他们的经验和观点之后，自己的世界也会随之变得宽广和丰富。

常常有人说"换位思考"，意思是要考虑其他人的处境。虽然这句话常常被用在双方产生矛盾的时候，但在"观点重启"阶段，这一点也很重要。因为站在他人角度看问题，能发现自己的思维盲点，进而在脑中构想出全新的方案。跟不同的人交流其实是观点重启的过程，我们可以通过第三者的视角重新看世界，特别是当工作陷入倦怠或遇到难题的时候，更加需要这样做。

其实，我们并不需要跟业内最权威的人士交流，无论是同事、客户还是朋友，只要能给自己带来全新观点的人都是值得去交流的。此外，阅读相关书籍、文献，甚至是看一场电影，都有可能获得不错的灵感。

多关注自己身边的人和事吧！你会发现，其实身边有许多相当优秀的人，请多与他们交流，理解他们的想法，汲取他们的智慧。有时候那些无法解决的难题，用他人的观点去思考时，反而一下子就解决了。所谓"三人行必有我师"，只要你愿意打开自己的心扉，去接纳、理解他人的观点，你就能不断扩展自己的视野，看到的多了，才能想到更多。

当然，如果有机会接近那些卓有成就的人或进入屡创佳绩的组织，那就再好不过了。在职场上，如果我们有机会跟比自己实力强的人一起工作，那就一定要抓住这个机会，这是成长的捷径。仔细观察他们的工作方式，不断提出问题再解决问题，接下来必须把学到的东西重新思考后，转化成自己的东西。做到这些后，你学到的就不仅仅是知识或经验，而是独立解决问题的方法。如果只是单纯地学习，没有将知识内化，那么你很快就会发现，这些知识在工作和生活中几乎找不到用武之地。

从小事中找出生活的意义

我在前面也提过，自己在进入大企业工作满 3 年时开始产生倦怠感。刚开始工作的时候，我每天早早地就到公司，总是充满热情地工作，梦想着做出成绩、获得上司的认可，不断规划着美好的未来。但当这样的生活日复一日，3 年后的某一天我就不再想挑战新事物，只是机械式地完成自己分内的工作。

当时我的工作是策划。因为对工作内容已经十分熟悉了，所以不仅对工作不再感兴趣，就连在日常生活中也常常感到无聊和苦闷，有时甚至觉得自己的人生没有任何意义。

就在那个时候，我的上司建议我去做一些有挑战性的事。他说，如果一个人的生活中没有挑战，那么他就会感到百无聊赖，这种状态在任何一个行业都无法长远地走下去。其实在当时，我很难理解他的这句话，也不赞同他的观点。毕竟，我好不容易才爬到那个位置，当初的努力就是为了在某天享受成果啊！我不想一直活得那么累，不想再开启全新的挑战。

就在我感到前途迷茫，陷入痛苦时，我开始回顾自己过往的人生。每次我回想起曾面临过的挑战时，都会产生"做那件事时可真有趣"的想法。当时明明过得非常辛苦，可如今回头看，居然惊觉自己已经很久没有像当时那样充满热情。我领悟到挑战这件事情本身对我来说具有相当的意义，我才开始慢慢理解上司说的话。

什么事都不做，只是等待有意义的一天降临，真的会找到生活的意义吗？如果不主动找有挑战的事去做，无论是谁都不可能切断日复一日的循环模式。岁月无情地流逝，什么也不做的人只会被无力感蚕食。想重新开始需要契机，主动开始挑战就能创造出契机。

▶ 生活的意义是自己赋予的

如何找到生活的意义呢？换句话说，就是在任何事中都能找出可以学习的东西。人的一生都必须持续学习，如果停止学习，就会停止成长。这里说的学习，比起学习新知来说，更接近获得智慧，也可以说是为了培养洞察力。对于平凡的职场人来说，学习是最简单的挑战。

过去我撰写的报告或策划案总是充满新颖的点子，也充满各种全新的挑战，但时间久了之后，就变得千篇一律了。这是因为当对某一工作内容十分熟悉之后，就会抓住其中的诀窍，并形成自己的工作模式。所以对我来说，迫切需要全新挑战。

那时，我决定每天要做一件有意义的事情。无论是小事还是大事，只要我自己相信那是有价值的，我就会赋予那件事情意义。于是我开始寻找其他产业或其他公司有趣的策划案、听上司的建议或阅读与策划有关的书籍，然后在每天的工作结束之前，把当天发生的有意义的事记录下来。

或许大家会觉得这没什么大不了的，但对我来说这些都是挑战。所谓的挑战，并不需要有什么伟大的突破，完成日常生活中的小挑战并赋予那件事情适当的意义就足够了。世界上没有毫无意义的事情。无论是多么小的事情，只要找出意义，就会获得成就感与幸福感。

你正在陷入倦怠吗？请先赋予每天都在做的事情意义吧。只要这样做，你就一定能学到些东西。其实我也是在开始这样做之后，才改变了自己对工作的态度。当我懂得从各种角度去看待工作时，即使是做那些乏味的琐事，也重新产生了新鲜感。日常生活开始出现小小的变化之后，人生也会随之改变。

感到痛苦时,请先改变观点

有时候,他人、工作、环境会让我们感到痛苦。无条件地忍耐痛苦并不代表自己是万能的强者,一味地忍受反倒是极为残酷的事情。因为人在痛苦的时候,会产生自己是"全世界最痛苦的人"的错觉,而且这个痛苦似乎永远不会消失。我看过许多人在痛苦时极度悲观,甚至失去了活着的勇气。

如果想切断这种痛苦的循环,就必须停下来。通过"观点重启"从各个角度重新思考之后,就能找到自己的思维盲区。即使遇到难以承受的痛苦,也可以更有智慧地去克服。停下来,然后正面迎接痛苦,我们可以练习从以下4个角度来审视痛苦。

第一,没有永远的痛苦。因为无论是哪种痛苦,都会在未来的某个时刻消失殆尽。虽然在痛苦时总是会想"如果能够摆脱这个痛苦，该有多好"，但等真的摆脱之后，我们又会发现自己仍然无法尽情地享受轻松的人生，甚至反而会因为更小的问题而感到痛苦，或是担心会再次陷入其他痛苦而一直心怀不安。当我们摆脱痛苦时，一定要尽情享受那种自在感，然后记住这种感觉，因为这个记忆能赋予我们自信与力量。

第二，痛苦是自然存在的。无论是谁，都会面对艰难的时刻，所以不要总是想着"为什么只有我会这样痛苦"，痛苦的到来就像刮风、下雨一样自然。如果我们太过在意痛苦的感受，就会在无形中放大痛苦，感到生活得非常辛苦；如果我们对痛苦不那么敏感，就不会深陷痛苦而无法自拔。痛苦本身并不重要，重要的是应该正视真实情况，不要过度忧虑。

第三，不要喂养自己的痛苦。愤怒就像住在你体内的怪物，如果我们不停地描述和回忆自己的痛苦，就等于是在不断喂养这个怪兽，它会越长越大，终有一日你将被它吞噬。同理，如果我们不去想那些令人感到痛苦的事，痛苦的分量就会不断减轻，然后自然消失。

第四，面对他人的任何想法，都要用积极的态度和同理心来看待。想想那些把自己弄得很痛苦的人有多可怜，我们要对他们产生恻隐之心。对我们自己而言也是如此，无论遇到多么令人讨厌的人，只要努力去理解他们的想法，就能帮自己从痛苦中解脱。

拥有以下 4 种力量可以帮助我们不轻易随着痛苦摇摆，让我们能坚强地面对困难。

第一是体力。如果没有体力，什么也做不了。第二是实力。这里说的实力是指解决问题的能力。为了培养解决问题的能力，我们必须先改变观点。许多人总是根据既有的观点去看待事物，或是花费力气去找寻已有的答案，通过这种方式找出来的并不是真正的答案，我们必须用自己的观点去找出自己的答案。第三是心灵的力量。无论环境或情况如何改变，心态依旧保持平和，能理性且客观地处理事情的能力就是我们需要的心灵的力量。第四是信任的力量。我们必须相信自己，坚定目标和信念。

我们无法操控他人的行为，但是面对他人的行为，我们做出什么反应完全可以由自己决定。除了自己，没有任何人能伤害我们。当我们领悟到这一点，无论遇到多么不如意的事或无计可施的情况，我们都能泰然处之，并最终找到出路。

▶ 幸福掌握在自己手中

某大企业的 CEO 曾问我："如果想成为优秀的企业家，应该怎样做呢？"拥抱梦想、努力工作是理所当然的，但更重要的是找出正确的实现梦想的方式。我常常问前来咨询的人以下两个问题：

1. 你喜欢的工作是什么？
2. 你认为对别人有益的工作是什么？

有些人无论赚了多少钱都毫无成长，也有些人虽然赚得不多，但总是在成长。那是因为看待自己、工作和世界的观点截然不同。如果现在你可以赚到许多钱，但你觉得毫无乐趣且对别人没有帮助，就必须换个工作。万一无法换工作，就必须改变自己的想法，找出自己现在的工作的优点以及对别人有帮助的地方。

我们必须喜欢和享受自己现在的工作，同时让这份工作对他人有帮助。这就是改变的核心。真正有效的成功法则并没有多么高深，明确自己现在应该怎样做、应该采取怎样的态度面对当前的状况，才是成功的唯一秘诀。

某天我搭乘高铁去其他城市演讲，坐在我旁边的一对夫妇正在吃快餐，那位太太不停地抱怨"蔬菜根本就不新鲜""这天气忽晴忽雨，莫名其妙""哎呀，这快餐真难吃！我好不容易吃完了"……直到吃完饭才停下来。

心理学家认为只会述说不公平的人具备占有型世界观，也就是完全看不到自己现在拥有的事物，只把焦点放在无法得到、想得到的事物上。

拥有占有型世界观的人，无论拥有什么都永远不可能获得幸福。因为他们即使拥有得再多，也只会注意到还未拥有的东西。

相反，拥有优先思考已拥有事物的"存有型"世界观的人会自问"我是怎样的存在"，然后努力让自己成为更有价值的人。研究宇宙论和黑洞的史蒂芬·霍金（Stephen Hawking）在20岁出头时被诊断出患有肌萎缩性脊髓侧索硬化症（俗称"渐冻人症"），即使被医生告知自己不能活太久，他依然埋头进行研究。许多人都会问他是否因为疾病而觉得人生不公平，霍金每次都这样回答：

"我刚知道得病的事实时，真的非常绝望，但是我下定决心，只要还能活着，就要为了人类有价值地活着。于是我不再感到绝望，我一定要战胜疾病。研究宇宙并不一定需要健康的身体。因为即使是完全健康的人类，也无法走到宇宙的尽头。"

霍金在无尽的绝望和不尽的理想中选择了后者，找到了自己存在的意义。最终，他成为对全人类来说极为重要的存在。看待现状的观点不同，所产生的结果也截然不同，因此我们一定要优先让自己感到幸福。

自我觉察
认知层次决定人生高度

　　这是我在三星担任营销策划一职时发生的事情。当时为了提高顾客的购物便利度，我们针对如何创造出全新销售渠道进行了无数次研究和讨论。想要卖出去更多的电脑，是不是就非得开专卖店呢？想要卖出去更多的手机，是不是就要允许一般电子商品代理商也可以卖手机呢？想要卖出去更多电熨斗、吹风机、电动剃须刀等产品，是不是就必须根据商品类型来建立合适的渠道呢？当时我们进行了许多模拟实验，最后我们决定建立让消费者随时可以进来，约33平方米大小的小型电子产品专卖店。

　　不过，这个专卖店运营了不到6个月就宣告失败了。当时三星在这个专卖店上投资不菲，我们感到十分难堪。后来通过分析，发现导致失败的原因主要是太注重概念了。由于这种专卖店只销售小型商品，反而限制了电视、冰箱或空调等大型商品的销量，这样的做法反而让公司背离了"为顾客创造便利服务"的理念。

　　其实，那时候已经有非常多的专售小型商品的店家，在已有前人经验做参考的前提下，我们所推出的方案居然完全失败，真是不该如此。市场上许多人都能够成功使用的模式，我们公司（或我）却失败的原因是什么呢？其中的关键在于优先顺位。比起看到他人已经成功的事实，我们更应该关注的是策划的思考模式。

对于消费者来说，他们自然而然地会认为，卖电子产品的店面中既有小型电子产品，也有电视、冰箱、空调等大件商品。卖家虽然以推销小型商品为主，但如果顾客能看到摆放在店里的其他商品，也有可能产生购买欲。这就是我们公司在强推"小型电子产品专卖店"方案失败后才领悟到的道理。

之后经过反复讨论，决定开设能售卖所有类型商品的大型展示店。当时，团队内部依然有一半的人对此持反对意见，虽然这次决策也是强行推行的，但最终取得了成功。我也是在这件事情之后，才领悟到比起关注他人成功的事实，更应该优先考虑策划的思考模式这一道理。对于一名销售工作者来说，任何时候都要站在消费者的角度思考问题。

一个人的生活状态在很大程度上取决于他的认知。我们对任何事的想法都来自自己对这一事件的理解，我们必须理解这个机制后再去观察现实生活中的事物。在销售工作中，当我们推出的产品概念无法得到顾客认可时，就必须优先考虑受众群体对该产品的认知，这样才能找到全新的道路。

第二阶段

Phase II

调整呼吸——目的重启

只要怀抱梦想,就一定可以实现。因为限制只在于你自己。

——成功学大师 布莱恩·崔西(Brian Tracy)

人不是机器，所以需要恢复期

快跑之后，无论是谁都会气喘吁吁。原因并不是无法恢复正常呼吸，而是在呼吸恢复正常之前需要时间。跑步的速度、时间不同，调整呼吸的时间长短也会不同。

如果你一停下来，又要马上跑，或者实在没有停下来的理由，这样做反而会失去前进的动力，越跑越累。喘息的时候，看起来好像什么也没做，但这实际上是积蓄力量再次出发的重要过程。

在第一阶段中，我们提到"暂停"。暂停不仅是休息，更重要的是提高自己的洞察力，明确下一步的目标。当我们来到第二阶段时，就要好好喘口气了，这时我们要做什么呢？

约翰·伯伊德（John Boyd）担任美国空军飞行员超过 30 年，他分析过无数场空战后，指出空战胜负的关键不在于战斗机的速度和高度，而是强韧的训练和战斗策略。

在当时，人们总以为空速达到 3.2 马赫的米格战斗机的胜率是最高的，但实际上比米格战斗机速度慢、飞得更低的美国军刀战斗机在战场上取得了压倒性的胜率（包含第二次世界大战的空战）。为什么会这样呢？那是因为"能量机动性"。很多人会认为战斗机的速度和飞行高度是胜利的关键，其实更重要的是，无论在哪种情况下都可以快速调节速度的能力和有效利用能量的方法。

在这个世界上并不存在能解决所有问题的万能方法。因为世间万物总是不停地在发生改变。无论是面对哪种变化，我们必须先明确自己的需求，然后确保自己想要达到的目的是合理可行的，才能通过训练和制订策略接近目标。当做事的目的不明确时，就无法找出解决问题的方法。而在解决问题的过程中，最重要的是把精力集中在一点上，为了做到一心一意，就必须通过"目的重启"把自己从舒适圈中拉出来。

● 目的不明确时最容易掉入陷阱

有些人认为未来只是过去和现在的续集，但我不这样认为，我认为未来是由自己和世界做的约定来决定。也就是说，当我有了心愿，例如，"我想进这家公司""我要摆脱贫穷"等，只要为此做出合理的规划和努力，它就会在未来成为现实。与未来的约定也是引导自己人生前进的路标。这一阶段的核心是把注意力放在审视自己的真正需求上。如果你现在感到痛苦或百无聊赖，那么很有可能就是因为你并不清楚自己真正追求的、想要的是什么，也就是你的"目的"是什么。这个目的不一定是工作的目的，也可以是人生其他方面的目的。检视自己的规划，确认自己是否正在朝目的地前进，然后再次确定自己的梦想，并制订出细致明确的执行步骤，这就是"目的重启"。

史蒂芬·柯维（Stephen Covey）在《高效能人士的七个习惯》(The 7 Habits of Highly Effective People)一书中提到崔维斯和格瑞这两个孩子的故事。两个孩子都拿到相同的木头和刀，也都很努力地削木头。不久之后，崔维斯削出了一艘精致的小木船，格瑞面前的却是一堆像垃圾一样的碎木头块。崔维斯想削出一艘小船，所以他目标明确，而格瑞漫无目的地乱削一通，自然结果也会大不相同。

拥有明确的人生目的很重要，但更重要的是要树立正确的价值观。在剧作家阿瑟·米勒（Arthur Miller）的作品《推销员之死》(Death of a Salesman)中，主人公威利·罗曼拥有3个活着的目的，分别是：做出一番事业、让所有人喜欢自己、让子女跟随自己的脚步。结局可想而知，罗曼没有达到任何一个目的，最后他因绝望而选择了自杀。他的儿子们站在墓碑前为父亲的一生进行了总结："父亲怀着错误的人生目的活着。"

"目的重启"的过程就是逐渐看清自己梦想本质的过程。确定人生目的时不能随波逐流，必须清楚地知道自己想要什么。

正确定义问题比解决问题更重要

现在的你可能是遇到了问题，才会决定重启。人们常常认为出现问题是不好的，同时错误地以为没有任何问题、过得一帆风顺才是幸福的，因此才会害怕遇到问题，并且责怪他人，不停地抱怨、辩解和发牢骚……然而我们不可能逃避问题，因此我们该做的不是回避，而是去思考怎样解决问题，反正已经无法避免，还不如将它当成一个机会。在解决问题的过程中，我们往往能快速成长。问题不是折磨自己的难题，而是如何拥有让自己成为更棒的人的动力。

反过来说，会出现问题也是你投入所有精力、全心全意的证明。当你认为那件事情很重要时，就会更加关注是否能将这件事做好，自然就会遇到问题。举个简单的例子，如果你要去参加一位好友的婚礼，但在半路上车轮爆胎了，这时这件事对你来说就是个让人头疼的问题，因为这时你正专注在"参加婚礼"这个事件上。如果你只是悠闲地开车出去兜风，那车轮爆胎顶多是件令人扫兴的事，算不上麻烦事。

无论何时、何地都有着潜在问题。我们能因为害怕遇到问题就逃避做该做的事情吗？世界上所有问题都会带来礼物，是引出全新机会的契机。专心致志做某件事情时，只要不害怕问题，就能够摆脱限制自我发展的框架。

精神科医师摩根·斯科特·派克（Morgan Scott Peck）在其著作《少有人走的路》（*The Road Less Traveled*）中提到，现在人们害怕活着并逐渐过得越来越扭曲的原因，在于人们对于正视问题感到痛苦。这句话的意思是人们没有正确地定义问题。人们因为对正确定义问题并解决问题必须付出代价这点感到害怕，所以想方设法去逃避。而更多的人会选择回避问题，他们即使看到了问题，也认为没有办法解决。但我们要知道，越是逃避问题，越是不去解决，我们的处境就会越艰难。

为什么我们会下意识地逃避问题呢？因为我们的潜意识错误地定义了问题。我们逃避问题的态度，正是妨碍达到目的和产生问题的主要原因。一味回避问题，我们将无法走出舒适圈一步，变成精神上的废人。

只要我们能重新定义目的与遇到的问题之间的关系，就能找到解决问题的办法。举例来说，我的目的是获得幸福的人生。如果把"金钱不足"定义成问题，那这个定义就是错误的。这时，我们就需要重新解读"获得幸福"这个目的与"金钱不足"之间的关系。虽然要得到幸福和维持幸福需要金钱，但这并不是绝对条件。没有金钱可能会变得不幸，但有了金钱也不一定会幸福，因此必须思考自己在哪种时候会感到真正的幸福。

像这样把妨碍我们达到目的的问题重新进行定义的过程就是"目的重启"的第一步。我们首先要做的事就是重新定义妨碍我们达到目的的"问题"。之后，重新解读它们与目的之间的关系，在这个过程中，我们就会发现原来在问题中也隐藏着巨大的宝藏。反复进行"目的重启"之后，我们就不会轻易动摇，自己的目的也会越来越明确。

成功人士的共同点之一，就是在定义问题时具备卓越的眼光。例如，"没有资金不代表就无法创业"。在知名大企业的创办人中，有不少人都是白手起家。"没有学历就无法成功"也是错误的认知，这一点我们随便就能举出例子来推翻。朝鲜历史上有名的"鸣梁大捷"，李舜臣将军用12艘军舰歼灭了133艘日本军舰，最终获得了胜利。正是因为李舜臣将军正确地解读了目的和问题的关系，从全新的视角重新定义"在战争中处于劣势"这个问题，最终才能获得如此巨大的成功。

目的：战争获胜

一般人将问题定义为： 以12艘军舰对抗133艘军舰必然失败。

错误解读问题与目的的关系： 军事设备数字处于优势的一方会获胜（日朝军舰的数字对决）。

重新将问题定义为： 以12艘军舰对抗133艘军舰，如果巧用谋略，也有成功的可能。

正确解读问题与目的的关系： 善用武器、地形、天气等战术的一方会获胜（日本军舰与朝鲜半岛的对决）。

如果把问题定义成"12艘军舰对战133艘军舰"，得出的结论就是军力处于优势的日本会获得压倒性的胜利，朝鲜则必败无疑，这将使朝鲜在开战之前就先失去战斗意志。然而军舰数量多并不代表一定会获胜。将领若能领悟到有效地利用周围的环境才是决定胜负的关键，就可以重新定义问题。正确地解读了目的和问题的关系的李舜臣将军让"鸣梁大捷"成为世界海战史上有名的一场战役。

▶ 定义问题决定成败

劳伦斯·冈萨雷斯（Laurence Gonzales）的《冷静的恐惧：绝境生存策略》（*Deep Survival: Who Lives, Who Dies, and Why*）

这本书中记录了许多在各种事故中幸存的人的故事。

1971年，茱莉安（Juliane）和她的母亲以及其他90名乘客搭乘的飞机遭到电击后坠落在秘鲁的丛林中，当时年仅17岁的茱莉安在这个事故中奇迹般地存活下来。

茱莉安在丛林中独自一人醒了过来，旁边的座位上完全没有母亲的踪迹。事故后第二天，茱莉安虽然听到直升机和飞机的声音，但是她认为外面的人不可能穿越这片茂密丛林找到自己，她决定等待其他幸存者来救自己。

不过很快，茱莉安重新定义了问题。她的父亲是一位在秘鲁工作的学者。她记得父亲说过："沿着下坡的路往下走，就会发现水源。"为了生存，她把"没有水"定义成问题，因此为了寻找水源，她沿着下坡走，并慎重地做好计划：她决定在炎热的白天休息，选择在气温下降的晚上移动。就这样，她在茂密的丛林中一路前进，11天后终于在溪边发现了一间小屋。她摇摇晃晃地走进小屋后就昏倒了。幸运的是，隔天偶然经过小屋的猎人发现了她，并把她送往医院。就像"细菌学之父"路易斯·巴斯德（Louis Pasteur）说过的："机会只留给准备好的人。"这位坚强且头脑清晰的17岁少女拯救了自己。

事故发生后的11天内，其他幸存者在静静等待中死去了。生火、整理避难所、寻找食物、发射信号和寻找方向，这些让茱莉安生存下来的因素充满了许多变量。我们虽然无法得知剩下的那些幸存者是怎样想的，又做出了哪些决定，也许他们认为待在原地等待救援才是最安稳、存活率最高的选择。他们都是遵守规则的人，但也是这一点让他们走向死亡。

当人们遇到离婚、被裁员、患上严重的疾病、破产、亲人去世等重大问题时，有些人会选择正视问题并最终克服困难，而有些人在问题面前崩溃。至于会选择哪一边，关键在于是否具备正确定义问题，并采取行动的能力。

能否正确定义问题有时候是关乎生存的。在大卫（David）与巨人歌利亚（Golia）的战斗中，大卫之所以会获胜正是因为他正确定义了问题。假设大卫把"在战斗中，怎样才能获胜"这个问题放下，而是将问题定义为"像歌利亚那样才能获得胜利"，那么胜利的条件就是必须全副武装，并且在体格上能压制住敌人。如果大卫是这样定义问题的，应该会输得很凄惨，因为大卫根本没有办法解决这样的问题。但大卫并没有采用以枪和刀与对方搏斗的近距离搏击战，而是脱盔卸甲，始终与敌人保持一定的距离，再利用投石器攻击敌人，最后取得了胜利。

你是不是会无意识地采用既定的思维方式来看待问题呢？千万不要成为既定规则下的牺牲者。当然，并非所有规则都是错误的，只是我们要懂得在现有规则的基础上重新定义问题，还要随时通过重启检视自己定义的问题是否正确，培养出正确定义问题的习惯。

▶ 定义问题的步骤

把原本看起来理所当然的东西进行重新定义，说不定可以创造出新的机会。那么，正确地定义问题需要什么条件呢？大卫·蒂斯（David Teece）是伯克利加利福尼亚大学经济系教授，以下的内容是根据他的理论整理而来的。

第一步：感知和理解

定义问题的出发点就是感知和理解。根据"海因里希法则"，发生一次大型事故之前，通常会先出现 29 次轻度的事故和 300 次的潜在征兆。我们遇到的"人生危机"也适用这个模式。为了正确定义问题，我们必须拥有感知能力。然而大多数人即使拥有感知能力，也不愿意去重新定义问题，反而更倾向于回避。正因如此，我们才无法掌握克服困难的本领。就像不知道下面正烧着火，还悠然自得地在温水中玩耍而慢慢死去的青蛙那样，对周围变化反应迟钝的人，最终只能尝到失败的苦果。

打印机公司施乐（Xerox）是一家拥有巨额资本和许多优秀研发人员的公司，因为没有及时发现机会和市场变化的信号，所以无法正确定义问题，最后在善变的市场中遭遇巨大危机。一直跟可口可乐竞争的百事可乐及时察觉消费者开始重视商品的包装之后，大胆地将竞争方向转移到产品外观设计上，因而获得了成功。由此可知，对事情的全面感知和理解不仅对个人成长十分重要，对一个团体、企业的发展更是如此。

如果对环境和情况的改变反应过慢，就会被淘汰，因此我们随时都要对变化做出敏锐的反应，做好危机管理，然后才能培养出抓住机会的能力。

第二步：把握机会

国际商业机器公司（IBM）的创办人托马斯·J. 沃森（Thomas J. Watson）在预测"未来最赚钱的是计算机产业"之后，就把巨额资金投资在大型计算机系统的研发上。这正是IBM虽然是计算机产业的后来者，却也能打拼出一番天地的原因。根据产业大环境的变化，IBM制订了从以生产商品为主的企业向不生产计算机的服务企业转变的策略，这一决策让IBM的生命力更加旺盛。

苹果公司也是如此。该公司的执行长提姆·库克（Tim Cook）曾说："苹果在硬件和软件两个领域上，都具备推陈出新的能力。"他还说这两个能力并不需要花大钱，只需要在学习最新经营理论和雇用顾问上投资就可以了。以前面提到的"感知和理解"为基础，抓住机会并创造出全新价值是帮助我们定义问题的重要步骤。

第三步：核心力量的调整和计划的执行

通过"感知和理解"这一步骤就能意识到目前存在哪些问题，当我们察觉到有哪些机会，发现全新的附加价值后，就要立即行动，完成革新。这一过程成功与否的关键就在于调整核心力量并执行计划。中国著名的家电品牌海尔在30多年的创业之路上，始终保持着敏锐的洞察力，不断根据市场环境的改变重新定义问题、调整战略，最后获得了巨大的成功。日本的本田（Honda）公司也是在重新定义问题后，成为屈指可数的大企业。本田在短时间内推出了113个产品，成功抢占市场。通过分析这两家大型企业的发展道路，我们不难发现，它们的共同点是，都能做到在企业面临新挑战时重新定义问题并快速做出反应，然后对企业的核心力量进行调整，并大胆地执行新的计划。

重新确定人生目的

如果你不清楚自己人生的目的，就会感觉自己现在做的事情毫无意义。所谓的"重新确定目的"是指什么呢？为了找出这个问题的答案，我在此处将引用英国萨塞克斯大学教授凯瑟琳·贝利（Catherine Bailey）教授和伦敦格林威治大学亚德里安·麦登教授（Adrian Madden）的研究成果，他二人的研究成果原本是在说有意义的工作需具备的 5 个特征，但我认为这 5 个特征也对重新确定目的意义重大。

第一，重新确定的目的要对自己和他人有价值。如果想让自己的工作和生活变得更有价值，就不能只关注自己的感受，也要考虑达到该目的后会对他人造成什么影响。

例如，清洁工看到自己收回来的垃圾被送到垃圾处理厂的瞬间，会产生很大的成就感。因为自己正在做的事情不只是对自己有用，也会给他人带来积极影响。

第二，重新确定目的的契机往往是在体验到痛苦之后。许多人不是因为感到开心或幸福，而是在感受到消极和复杂的情绪，甚至产生痛苦后，才发现人生真正的目的。许多医护人员在面对濒临死亡的患者时，感到极为痛苦，他们在患者生命的最后一刻帮助他们减轻痛苦的同时，会重新思考自己现在的工作目的是什么。痛苦的体验也能成为重新确定目的的契机。

第三，由单一事件来重新确定目的。几乎没有人会认为自己的工作总是充满意义和价值，但我们可以从某一件事中找出工作的意义，并体验到成就感。例如，一名大学教授可能会抱怨工作中的日常琐事是多么枯燥和浪费时间，但当他上完一堂特别受学生欢迎的课后，感觉自己就像一名"摇滚巨星"。虽然上课的时间并不长，但仅仅是看到学生们聚精会神地听讲，就会感受到喜悦。

第四，通过回忆来重新确定目的。人们在事情发生的当下就产生成就感的情况是很少见的，因此需要通过回忆来认真分析，从而找出一件事的意义所在。

第五，必须关注个人感受。我是什么时候感觉到自己的工作是有价值的呢？认真回想就会发现，在专注于做自己手头的事时我才能感受到工作的价值。某位音乐家直到父亲来看自己的演出,并终于理解了他为何选择音乐家这个职业之后,他才实实在在地感受到自己的工作是有意义的。重新确定目的就是把目的放在心中,然后持续做好日常的工作。

设置阶段性目标

我们常常会把"目的"和"目标"搞混。两者看起来很相似,但其实有明显的差异。"目标"是为了实现目的的具体挑战。换句话说,"目的"是最终要实现的事,而"目标"则是衡量目的实现程度的基准。为了达到最终的目的,我们需要具备设定一连串小目标的能力。

成为优秀的医生是最终的目的,那么在实现这个目的的过程中,我们要思考怎样设定小目标,才能逐渐靠近大目标。例如,在学校要学习哪些科目、需要掌握哪些技能、培养怎样的心理素质,等等。安杰拉·达克沃思(Angela Duckworth)在《坚毅:释放激情与坚持的力量》(*Grit: The Power of Passion and Perseverance*)中分享过"股神"巴菲特的故事。

巴菲特看着忠诚耿直的专机飞行员，问他："除了把我送到目的地之外，你应该也有其他更重要的梦想吧？"飞行员回答道："是的。"接着，巴菲特慢慢跟他说明制订工作中优先顺位的3个阶段。第一，写下工作上的25个目标。第二，边审视自己，边把其中最重要的5个目标圈起来，一定要选择5个。第三，检视没有被圈起来的20个目标。然后在日后的工作中，不管用什么方法，都一定要回避这20个目标。因为这些目标会分散你的注意力，夺走你的时间和精力，让你把视线从更加重要的目标上移开。

这也是设定目标的过程。我们必须勇敢地找出妨碍自己把注意力集中在核心目标上的那些事情，并努力放下这些事，才能把有限的时间和精力集中在更重要的事情上。为了达到最终的目的，我们必须学会设定和调整目标。

几年前我担任教授的时候，某位学生来研究所找我做咨询。他是法律系的学生，正在准备司法考试。他在第一次司法考试时取得了优异的成绩，但在第二次司法考试中落榜了。他感到失意，不知道是该改修另一门更好就业的学科还是继续学习法律。

这时，我用了"目的重启"的方法来帮助他解决问题。在询问他为何要参加司法考试之后，我了解到他的理想是成为一名优秀的法官。而在韩国，要实现这个理想并非只有参加司法考试这一个途径，于是我建议他转专业去法学院学习。

不过，想要转到法学院学习也不是件容易的事，他面临着3个难题：一是他无法支付法学院昂贵的学费；二是他之前忙于准备司法考试，所以其他课程的成绩并不理想，以当时的成绩很难考上法学院；三是他觉得，如果放弃司法考试，那么之前的努力岂不是白费了？这位同学的分析是有道理的，但如果他想实现人生的重启，就必须勇敢地切断一切负面想法，勇敢地抛下自己的种种担忧，然后才能找出全新的道路，踏上新的征程。

我向他提出建议，希望他能够找回当初准备司法考试时的热情来备考法学院。他也表示自己会将努力考入法学院作为新的目标。他决定在毕业前利用有限的时间努力提升自己的各科成绩，并放弃了司法考试。解决了这两个问题后，剩下的就是学费问题了。我建议他在考上法学院后再想办法解决。后来，这名同学顺利地考上了法学院，并用奖学金和贷款的方式解决了学费问题，现在已经成为一名优秀的法律人。

这位同学的目的是成为一名优秀的法官，在司法考试落榜后曾动摇过，但他始终没有放弃，并选择调整阶段性目标，然后继续努力，最终实现了自己的理想。

▶ 思考的力量

在这个日新月异的时代，我们曾经认为很重要的技能，现在已经不再是必备技能了。尤其是人工智能技术的发展，让许多工作都能被计算机取代。在过去，技术就是实力，但如今许多技术也能够共享，即使是后起企业在技术上也距离开创者不远。在未来，真正能拉开人与人差距的只有思考的力量。思考的力量是什么呢？就是通过已有的经验开拓出全新道路的能力。如果想在这个快速发展的时代实现自己的理想，就必须通过训练培养自己的思考能力。

思考的力量是怎样形成的？简单来说，就是深入分析现状，找出可以改善之处，并思索其存在的价值。如果凭现在的能力完全看不到一件事有什么可改变或可挑战的地方，那么我们就只会因循惯例。但只要培养出思考的能力，看待事物的角度就会截然不同，自然会产生对事物全新的理解，也就是所谓的创意。

"商品一定要在实体店销售吗？"思考销售的目的之后，就诞生了没有实体店也可以销售产品的全新商业模式。思考的力量可以创造未来。

"我为什么一定要这样做呢？""不能用其他方式达到目的吗？"只有不停地思考，才能创造出美好的未来。"目的重启"也可以说是让自己走向正确道路的过程。

有人认为韩国托快节奏文化的福，让我们在竞速的数字时代中获益，但我认为速度快并不等于竞争力强。现如今，任何一个行业的竞争优势最终都落在思考力上。人人都会思考，那为什么要特别说是"思考力"呢?那是因为思考也是一种能力。只有极富创意的思考才能让自己独有的观点融入商品和服务中,并创造出他人无法复制的价值。拥有强大的思考力不仅能帮助我们在工作上获得成功,更能让我们获得崭新和充实的人生。

思考的过程

看清现状 → 一般的观点 → 诞生全新的观点
(存在)　　(因循惯例)　　　(创意)

寻找具有可执行性的方案

既然已经重新确定了目的，接下来就必须为了达到目的而寻找方案。要想找到合适的方案，就必须先激发出强烈的动机。因为只有当我们拥有强烈动机的时候，才会倾尽全力主动去寻找方案。

畅销书作家丹尼尔·平克（Daniel Pink）针对如何激发真正的动机提出以下3个要素：

自律：想主导自己的人生
熟练：渴望能娴熟地做某件重要的事
目的：为了更伟大的目的而工作

如果没有以上3个要素，即使勉强自己确定目的，也不可能有耐心坚持到最后。只有怀抱着强烈的渴望，才能激发出做某件事的动机，进而找到最佳的实践方案。

那具体应当怎样做呢？

第一，筛选出能让自己离目的更近一步的工作，并努力完成它们。 W. 钱·金和勒妮·莫博涅（Renée Maubogne）教授在《蓝海战略》（*Blue Ocean Strategy*）一书中提到，不要在饱和的市场中寻找"红海战略"，而是要找出"蓝海战略"[①]。他们指出，分析业界平均值以下和业界平均值以上的数据之后，再根据实际情况减少或增加、消除或导入新元素并实践检验，就会找到"蓝海战略"。

我同意上述观点。不过我认为无条件地用业界平均值去做判断是很危险的行为。制订方案应该有绝对的基准，绝对的基准点当然就是"目的"。我们必须判断现在做的事情是否符合原本的目的，同时勇敢地去除妨碍达到原本目的的事物。

我认识的某位大企业的 CEO 常说："如果对顾客态度很随便，就不要来公司上班。"因为企业经营的基本目的是满足顾客的需求。根据这个基准，如果有人多收了顾客的钱或是为了业绩达标提前从顾客那里收款，一定会被他批评。他始终坚持的原则是绝对不能为了得到组织内部一时的好评，就违背了企业的经营原则，

---

① "红海战略"指在已知市场空间中进行竞争的战略，"蓝海战略"指企业为开拓未知领域而产生的一种战略。

决不能让顾客的体验感变差。无论是在个人工作中，还是在企业经营中，我们必须先衡量使用的方法是否能达到目的，然后根据目的不断做调整。

第二，提出的策略要具有灵活性。 无论是多棒的策略，如果无法实际应用，就不可能转换成执行方案。确保你的策略具有较高的灵活性，才能更容易形成具有可执行性的方案。

第三，如果不知道如何投资，那就先判断是否能产出预想中的成果。 许多人在开启一个新项目时，往往会错误地估计企业能够承担多少风险，这就有可能导致企业投资失败。俗话说，凡事三思而后行。判断一项方案是否有可执行性的基准应该是推算投资之后能否产出预计的成果。如果在短期内可能会有所损失，但从中长期来看一定会创造出不菲的利润，那么这个方案就是可行的。只有把握好这个基准，才有可能找到切实可行的方案。

第四，用图示的方法表达。 找到方案之后，就要绘制出图表。用图表将投资与盈利的过程展示出来，能让合作伙伴快速理解项目的运作方式和盈利模式。如果无法用图表展示清楚，那么这个方案就太过抽象了，不利于执行。所以，必须用图表和数据来描绘出你的构想。但要注意我们的项目方案不能被数字淹没，要想办法将数字背后的意义简洁明了地表达出来。如果只是凸显数字，而没有深挖数字背后潜藏的逻辑关系，那么即使我们绘制的图表十分精致，等进入执行环节，还是会遭受挫折。

第五，用"完成时"来表达。在介绍项目方案时，一定要告诉大家我们现在已经完成了哪些工作，或已经计划好将要做哪些工作。这样表达能够让听众了解项目的具体进展，让人感到心里踏实。例如，不要说"想在月底前接到1亿元的订单"，而要说"要在月底前接到1亿元的订单"。换句话说，我们应该在实现目标之前先在脑中描绘出期望实现的画面，这样做可以大幅提高目标的实现概率。如果以小组为单位来寻找方案，就必须让所有成员都参与进来。

"相信"的强大力量

如果仅仅是"知道"某事，但无法上升到"相信"的层面，就无法让"目的重启"顺利完成。"知道事实"和"信任某事"是有差异的。许多人终其一生也无法找到某个问题的解决方法，他们往往在半途中就失去力量，选择放弃，究其原因，就在于他们不相信这个问题能够得到解决，也不相信他们能找到更好的达到目的的途径。如果我们永远停留在"知道"的阶段，是无法获得任何力量的，只有上升到"相信"的层面，才能获得更大的动力，激发出创造力。

我还是一个上班族时，在公司的晋升评选活动期间，某位与我认识很久的前辈约我吃饭，并对我说："你是这次参与晋升评选的人员之一吧？不过，我希望你不要过于执着晋升，而是在自己的领域中持续深造，成为真正的专家。"听了这位前辈的话，我当时就预感到自己的晋升泡汤了。

不过，我真心相信前辈说的话。为了成为自己领域中最厉害的人，我参加了许多跟职务相关的研讨会，也阅读和发表了许多论文。那时的挫败感促使我持续地磨炼自己。如今回想起来，那段时间积累的经验成为我在自己的行业坚持走下去的基础，也正是因为我积累了一定的实力，才能够充满自信地朝着目的地前进。

▶ 看到实力，才会产生信任感

19世纪的杂技演员查理·布隆丹（Charlie Blondin）以走钢丝闻名。他不仅能在高楼大厦间走钢丝，甚至可以背着沙袋穿越尼亚加拉大瀑布，实力非凡。他在1859年宣布要在尼亚加拉大瀑布走钢丝。为了观看这场空前绝后的挑战，许多人聚集在尼亚加拉大瀑布附近。布隆丹对着围观的群众问道："你们相信我能够背着一个人从这边走到那边吗？"围观的人们都知道他的实力，所以回答"相信！"布隆丹接着问："那么，你们有谁愿意让我背过去吗？"这时却无人应声。人们当然知道布隆丹的实力，可是认同他的实力和被他背过去是完全不同的事情。因为这需要比"知道"更进一步的"信任"。

由于没有自愿报名的人，所以布隆丹指着某位男子问道："你相信我吗？"

那个男子毫不犹豫地说："我相信。我愿意被你背过去。"说完就爬上了布隆丹的背。布隆丹背着男子更加慎重地走上钢丝，最后成功地走过了尼亚加拉大瀑布。

那位男子是他的经纪人。他与布隆丹是商业伙伴关系，当然也有可能他是出自商业利益才答应的。可如果两人之间只是单纯的商业伙伴关系，他们之间的信任不会如此深厚。正是因为相信布隆丹的实力，他才敢把自己的性命交到对方手上。以实力为基础的信任，才能够走得更远、更稳。

虽然我并不知道当时的情况，但我是相信后者的。因为不管商业利益有多大，一旦危及性命，就不值得再做。从这件事中我们也能学到，如果希望得到他人的信任，就必须提升实力，让对方看到我们是可信的。当自己真正拥有实力时，自然也会提升自我信任感。

在面对挑战时，如果没有自信，那最好不要去做。即便硬着头皮去做了，也会因自我怀疑而分心，无法做到全神贯注。同样，在实力不足时，无论是他人还是自己，都不可能对自己产生信任感。我见过许多人不懂得提升实力，做什么事都抱着随便试一试的心态，失败后就陷入"我果然不行"的自我怜悯中。长此以往，只会一事无成。

我们每个人都会确定自己的目的，但我们不能仅仅停留在

"知道"自己的目的这一层面，我们必须确保自己的目的是有价值的、有积极意义的，相信它是可达到的、是适合自己的。而要做到"相信"，就必须持续地积累经验，并勇敢地接受各种挑战。事实上，积累经验和接受挑战的过程也是反复验证和调整目的的过程，得到验证和不断调整的目的，自然是可行、可信的。虽然不必像走钢丝那样赌上性命，但我们至少也要一直把"目的"背在背上。只要时刻注意调整重心，通过"目的重启"来保持平衡，就能安全地走到目的地。

组织的"目的重启"

我曾为某个大企业提供过咨询服务。由于该企业新推出的产品销售业绩不佳，所以大家都很焦虑。当时，我提出的解决方案是陈列货量要比现在多 2 倍。总部虽然下了许多订单，但超市的货物陈列量并没有增加。经过一番思考后，我决定把组织成员的角色单纯化，并对责任加以区分。

我成立了"陈列检查组"和"新品说明组"。"陈列检查组"负责每天去各个卖场检查陈列数量并如实回报。这样一来，他们的任务就十分明确了，只需要检查各个卖场怎样摆放商品，以及是否重点展示新商品即可。"新品说明组"的工作任务则是帮助卖场销售员了解新产品的特点与优势，并在现场进行操作教学，为顾客答疑解惑，同时指导卖场销售员如何推销。

成立这两个团队之后，组织重新找回了活力。在庞大的组织中，领导者很难检查每个岗位的员工是否确实完成了任务。且由于一些员工同时做好几种工作，注意力会被分散，所以更难对他们的工作绩效进行量化管理。因此在推进核心任务时，必须尽可能省略或删除不太紧急的工作。这样一来，组织内部各司其职，组织才能高效运转。

有些读者可能想问，如果自己还不是管理者，只是一个普通的员工，是否就无法参与组织的"目标重启"呢？其实，只要愿意，一个新入职的员工也能推动组织的工作。各位可能想说，自己还不是可以做这种事情的管理者，但即使是新入职的员工，只要愿意，也可以推动团队的组织化发展。因为新入职的员工在外面即为公司的代表，只要意识到自己的角色，面对顾客时，就会成为推动公司目标实现的一员。

为了实现团队的组织化发展，我们就必须集中注意力让组织有条不紊地往某个方向前进，因此我们不能一意孤行。每个人都有自己的角色，无论是在工作中，还是在生活中，都要懂得协作，让个人能力最大化才能提高组织的整体实力。

在强大且可信任的组织里，必须有一个机制可以让成员们内心自然而然地产生团体意识，并愿意致力于实现组织的共同目标。就像为了管理好一个组织，高层管理者会先制定规章制度，然后根据规章制度选拔各级管理人员。经营良好的组织和企业的共同点，就是清楚地赋予成员角色并说明职务内容。

▶ 如何通过重启激发团队智慧

"敏捷型组织"就是指针对市场环境的变化（如技术变革、需求变化等）能够迅速整合资源、做出反应的企业组织。如果你至今仍待在人事、财务、业务、生产等固定型组织内，总是被动地集中解决自己遇到的问题，那么从现在开始，当你遇到难以解决的问题时，就可以试试"敏捷型组织"这种管理模式。

例如，在管理电子商品的销售通路时，除了下发一般性任务，还需要根据销售通路的特征有针对性地安排特定任务，从而使运作过程组织化。

A 通路专注于管理顾客，B 通路专注于销售产品，C 通路则专注于展示商品，像这样赋予每个通路使命，把责任具体化，并找到能够胜任岗位的负责人，整个项目的组织层级就会成形（但组织内要尽量回避地缘、学缘、血缘等职场以外的关系，否则将不利于组织的发展）。

组织化管理模式更能适应骤变的环境，也更具潜力和前进的动力。可以说，组织是人类智慧的基石。10 个力量再强大的人如果只是自顾自地工作，创造的劳动成果不过只有 10 份而已。但如果将他们组织起来，并有一位目标清晰的领袖为每个人分配适合他们的任务，这个组织就有可能创造出巨大的成果。当然，如果一个组织群龙无首，或者组织的领导者无法正确分配职责，那么也可能出现无穷的负面问题。因此，管理者必须通过组织化策略挖掘出每个成员的潜力，充分调动成员积极性，发挥个人特长来帮助组织解决问题。

对管理者而言，"重启"也相当重要。我在做企业管理咨询时，不仅帮新入职员工设立目标，也会帮领导者设立目标，例如，成为资本专家、顾客管理专家、广告专家等，然后请他们在规定的时间内思考并发言，将自己的感悟分享给大家。这样的"目的重启"方法也是激励下属的好方法。如果一位足球队教练希望自己带领的球队获胜，他首先需要了解每位球员的角色和责任，然后才能引导大家朝着同一个目标迈进。所以，一个团队的管理者同时也是一名教练、一个善于组织的领导。

对于一个庞大的项目而言，独自一人埋头苦干是绝对走不远的，也不可能获得成功。领导者必须把工作科学地分配出去，帮助每个成员尽快适应角色，明确自己的职责，营造出让全员为了同一个目标而努力的团队意识，这就是组织内部的"目的重启"。

自我觉察
明确目的能产生动力

法国哲学家亨利·柏格森（Henri Bergson）说过："弱点外显的生物为了适应环境而进化，把弱点隐藏起来的生物却慢慢退化了。"那些将脆弱的皮肤外露的生物为了找到更好的生存方式而不断进化；而像甲壳类的动物，它们的外表看起来十分坚硬，所以千百万年来进化得很慢。

我们已经习惯了将成果作为评判标准，并习惯了在无止境的评判的竞争环境中生活，这样的氛围让我们容易害怕失败，好像一旦失败一次，就会落于人后，于是在这个令人感到不安的现实世界中，谁都不敢显露出自己的弱点。然而，"目的重启"的基础就是原原本本地呈现自己的弱点。

"目的重启"的意义就是真诚地重新审视自己的目的，因此不能粉饰自己的弱点，必须根据自己原本的样貌重新确定目的。那些只看到自己的强项，缺乏自我觉察力的团体最后都走上了衰败之路。历史上一些看似会永远存在的强大帝国，竟被周围无足轻重的民族消灭。从罗马帝国、阿兹特克帝国、古希腊等国家的灭亡中，可以看出小国崛起成为强国之后，导致其再次衰败的根本原因，这种兴亡盛衰的道理也适用于企业或个人。

不要因为自己强大就过于自满，要正视自己的脆弱。同时，为了重新确定目的，必须持续"重启"，才不会背离初衷。只要知道目的地，就一定可以到达，所以要随时做好准备，让自己保持最佳状态。

我的前作《获胜的习惯》虽然是畅销书，但我并没有赚到多少钱，也没有因此而出名。不过我依然不断分享我的经验，希望读者因为读了我写的东西而获得慰藉和勇气。我非常清楚自己想要的是什么，我认为我人生的终极目的是拥有"善良的影响力"。麦当劳创始人雷·克洛克（Ray Kroc）原本是一家纸杯公司的推销员。他在52岁时开始在芝加哥卖汉堡和薯条。在他看来，开餐厅的根本目的是"为顾客提供最好的汉堡"和"获得顾客的好评"，为了达到这个目的，他非常努力地学习。例如，汉堡要在多少摄氏度下烤、肉片要间隔多久翻面等。他为制作出美味的汉堡而竭尽全力，这样的动力源自他为自己确定的目的。目的可以帮助我们在挫折和失望中重新站起。

目标的力量非同小可。雷·克洛克后来亲自写下"汉堡指南"并寄给全国分店，又在美国伊利诺伊州奥克布鲁克市成立了汉堡大学，教授制作汉堡的技术、汉堡餐厅的经营与管理等。他在82岁离开人世时已经是亿万富翁了。他提出的企业成功秘诀非常简单，那就是根据创办企业的初衷不断学习，然后每分每秒都不能忘记这个初衷，否则就很难找到学习的动力。

在人生道路上容易飘移不定的原因，就是没有确定目的。大家的人生目的是什么呢？工作的目的是什么呢？生活的意义是什么呢？这些问题看起来很宏大，其实跟最微不足道的行为息息相关。只有确定了目的，才能获得坚持下去的力量，早晨才愿意起床去上班。暂停下来，重新检视自己工作的目的、所处团体的目的、生活的目的时，可以让我们重新振作起来。越是经常思考目的，对人生就越有益。为了确定自己的目的，请先调整呼吸，做好准备吧。

第三阶段

Phase III

定位——方向重启

当你不知道自己在做什么时,才是最危险的时候。

——"股神"沃伦·巴菲特(Warren Buffett)

你的前进方向正确吗

我在某家企业担任经理时，遇到过一名丑小鸭般的下属。那位下属做事总是慢吞吞的。我交给他工作时，他都会说"好"，却从来没有好好去做过。受他的影响，整个团队的气氛常常陷入低迷，有时还会因为批评他而浪费宝贵的会议时间。此后，我便彻底无视他了，只会把工作交给其他人去做。虽然这不是很好的做法，但我认为这位下属很难改变自己的工作方式，为了整个团队和其他成员着想，我这样做也是迫不得已。

后来有一天，我走进会议室的时候，看到那位下属独自一个人呆呆地站在里面。我吓了一跳，不耐烦地问他："你不去工作，站在这里做什么？"结果他突然泪流满面。他说因为自己没能把工作做好，让主管（我）很苦恼，自己内心也很难过。于是我让他坐下来，跟他边喝茶边聊。直到那时候，我才知道他过去这段时间说不出口的苦楚。原来，这位下属的父母正在跟癌症抗争，现在家里情况一片混乱。

我内心愧疚不已。我告诉他自己并没有讨厌他，叫他不用担心，只需要更加努力工作就好。我安慰他后，叫他回到工位上安心上班。那时候，我才发现那个"没血没泪的我"。我对那个只看到工作绩效，从未关心身边的人的自己感到气愤。这样的我还可以被称为领导吗？我只不过是一个只会督促和逼迫下属的管理者吧？是不是有许多下属因为我而深感受伤呢？把工作做好当然很重要，但是丝毫不关心每位下属的情况和遇到的困难，就像推土机那样死命推着他们前进，这样的人也算不上一位优秀的领导吧。从那时起，我才重新领悟到比起工作，应该优先关心他人这个道理。

这件事之后，我决定在督促下属之前先努力理解他们，再一起朝着目标努力。于是，我针对自己的领导风格做了"方向重启"。我丢弃过去认为重要的价值观，找到全新的价值观为自己引航。至今，那位下属还会偶尔给我打电话，由此看来，我当时做的"方向重启"是成功了。

你们正在追求哪种价值观呢？你们想走向哪里呢？无论你的目标多好，如果方向错了，那就不可能真正抵达目的地。"方向重启"是检查自己前进的方向是否正确的过程。随着时代或环境的改变，重新调整方向是随时都要做的事情，因此在方向重启中，最重要的是意识到自己的前进方向有可能出错，以及承认自己犯错。只要能够放下身段，随时都可以调整方向，然后继续朝目的地前进。

方向对，结果就不会错

在我小的时候，家里很穷苦，甚至到了三餐不继的程度。我记得某一天我和母亲仰望星空，母亲指着北极星问我："你知道北极星为什么叫这个名字吗？"母亲告诉我那是因为北极星位于北边，只要看到北极星，即使迷路了也能够找到方向。也就是说，只要现在的方向是正确的，即使无法马上获得成果也不用担心。因此，我常常思考自己正在前进的方向是否正确，如果出现差错，就必须重新确认方向后再出发。

为我指引方向的母亲在我读大一的时候，因为脑溢血过世了。母亲的过早离世让我陷入悲伤，但如今回头看，母亲的缺席并非只给我带来不好的影响，由于一再回想起母亲平日里对我说的话，她的一字一句成为我人生的指南针。

"只要方向正确，就不用担心结果。"

我担任团队的主管时，并没有特别过人之处，我也不是才华横溢之人，但我所负责的团队总是能够取得很好的成果。我认为原因在于我拥有这样的信念：在费尽心思确定方向之后，不能瞻前顾后、犹豫不决，而是要坚定信念，拥有持续推进的耐心。

苹果公司的联合创始人史蒂夫·乔布斯（Steve Jobs）在斯坦福大学的毕业演讲中提到，他小时候的生活很艰苦，由于父母的收入不够养活他，于是父母将他送给别人。领养他的家庭也并不富裕，所以未能好好栽培他。后来，他在大学入学不到 6 个月时，就因为交不起学费而不得不退学。尽管如此，乔布斯仍非常乐观，他认为即使不上学，人生也依然有希望。

当时他寄居在朋友家，就在地板上打地铺，靠回收可乐罐来填饱肚子，甚至每周步行 11 千米，只为了奎师那神庙提供的一顿免费餐。即便生活如此艰难，他也没有感到挫败，更没有放弃。每次朋友们问他过得如何时，他总是像无忧无虑的人那样笑着回答："我很好，我会很好的。"

他从里德学院休学之后，又去旁听英文书法课程。在这堂课上学到的知识成为乔布斯 10 年后设计第一台麦金塔计算机的创意来源。他把在书法中体会到的美感嫁接到计算机这个新科技产品上，在设计麦金塔计算机时放进了这些漂亮的字体。如果当年他没有去旁听英文书法课，麦金塔计算机大概就不会有多种字体或自动字距微调的功能。乔布斯自己当时根本不知道学英文书法有什么用，但10年之后，他才明白一切都是自然发生的。

"你得相信你体验过的一切，在未来会通过某种方式连接在一起。你们得相信直觉、命运、人生。只有相信一切会在未来连接在一起，自己的内心才能产生勇气。即使这些东西无法立刻带来好处，也一定会引领你走向成功。"

虽然历经磨难，也曾经动摇过，但乔布斯最后还是取得了成功。只要你非常清楚自己内心的愿望，并确定了正确的方向，就不用因暂时的挫折而太过担忧。

跟随价值观就能找到人生的目的地

方向重启的核心就是衡量前进的方向是否正确,衡量的标准就是"是否符合我所追求的价值观"。

不过,我们通常不会只追求一个价值观,很多时候,几个价值观对我们来说都很重要。甚至,有的价值观之间还会相互矛盾。这时候为了避免混乱,就需要把自己追求的价值观根据优先顺位进行整理排列。也就是说,我们思考人生中最重要的是什么之后,还要再排列好优先级。

有个女人家里突然着火了,她忙于抢救自己无比珍视的画作和家具。就在这时,她突然意识到自己的孩子不知道跑到哪儿去了,这才再次冲进屋里找孩子,可此时屋里早已是一片火海,孩子也早就被烧死了。

这个女人这才失声痛哭，她责备自己的愚蠢，又咒骂被自己抢救回来的那些画作和家具。因为她就是为了抢救这些微不足道的东西，才失去了最爱的孩子。

我们必须思考在我们想要的东西中，哪些是可有可无的，哪些是更加重要的，这样才能让人生走在正确的方向上。说不定现在你正因为背负了太多微不足道的东西，而忽视了人生中真正重要的东西。

以下是韩泰完的《成功和胜利的钥匙》（《성공과승리의열쇠》）一书中提到的故事。

1920年，在比利时奥运会上获得短跑项目金牌的选手查尔斯·帕多克（Charles Paddock）在造访自己的母校时对后辈们这样说："你们想成为怎样的人呢？只要定下目标，并相信上天会帮你们，就能够实现目标。"

听完演讲后的杰西·欧文斯（Jesse Owens）被查尔斯·帕多克的一番话感动，于是他找到教练说："教练，我有了想实现的梦想！我想像查尔斯·帕多克那样，成为跑得最快的人。"

但是，教练这样回答他："杰西，你的梦想非常伟大，但是为了实现这个梦想你必须爬上梦想的梯子。这架梯子的第一阶是忍耐，第二阶是献身，第三阶是训练，第四阶是态度。"

听完之后，杰西决心绝不放弃自己的梦想，并开始爬这个梦想的梯子。最后，杰西在奥运会100米和200米等项目中取得4

枚金牌，他的名字也永远被刻在美国体育界的荣誉殿堂。

这一切之所以能够成真，都是因为杰西拥有清晰的梦想，以及他真的竭尽全力地攀爬梦想的梯子，而设定价值观的优先顺位就像是在他前进的道路上摆上梦想的梯子。

▶ 第一价值观和第二价值观

无论我们成为怎样的人，都始终认为自己正在追求着"具有价值的东西"，这有可能是金钱，也可能是权力，或是名誉、子女、家人、爱情等。是否活得有成就感和怎么活得有价值是人类长久以来面临的问题。

心理学中区分价值观时，把那些在人心中永恒不变的追求看成"第一价值观"，而把暂时的、具有可变性的价值观称为"第二价值观"。整理如下：

第一价值观：希望、爱、智慧、决心……
第二价值观：智力、影响力、愉悦、权力、学历、魅力……

每个人都有自由选择以哪种价值观活下去，可以选择第一价值观，也可以选择第二价值观。只是，做出选择后我们要承担的责任和义务会完全不同，所以要格外慎重。自己的生活会因为所选择的价值观不同而有幸福快乐或艰难困苦之别,所以我们首先要想清楚自己想要的生活到底是怎样的。

曾有两个人出于冒险精神决定一起穿越非洲沙漠。沙漠旅行并非嘴上说说那般容易。在缺水和没有他人帮助的情况下,这两个人历经千难万险,好不容易穿过了沙漠。旅行结束时,其中一人说:"我们完成了极为困难的事情,在这里留下值得纪念的东西吧。"另一个人说:"立一座刻有咱们俩名字的纪念碑吧。"最开始提议的人则说:"在沙漠旅行期间我们常常因为没有水而受苦,我们为其他旅客挖口井吧。"

两个人都非常坚持己见,最后决定这两件事都做,所以他们在沙漠立了纪念碑,并且挖了水井。数十年匆匆过去,两个人再次来到沙漠,纪念碑已经被沙尘暴摧毁,可是水井依然在原地,并一直在为其他旅人提供水源。

通过这个故事,我们可以反省一下自己是不是过去也常常倾注全力去立自己的纪念碑,而非挖一口能留存更久的水井呢?我深信有价值的人生,在于追求永恒不变的事物。如果把随时都会变化的事物设定为目标,自己的人生也会变得摇摆不定。想象一下,如果我们的目的地是随时都可能消失,位置也可能改变的地方,结果会怎样呢?这趟旅行必然充满危险,而且很可能永远到达不了终点。因此我认为人生唯有追求永恒不变的价值观,心里才能有明确的目的地定位。

当人生的目标和判断标准不同时，方向也会不同。那么，我们要用什么作为判断标准呢？我认为应该是能够体现出生存目的的价值观。我们要留给子孙后代的不应该是有限的金钱或物品，而是引领人生过得堂堂正正的正确方向，不是吗？

制造自己的指南针

在茫茫大海中,有一艘大船正在缓慢地下沉,船员们忙着跳上救生艇。就在船快要完全沉没的瞬间,突然从船舱中跑出一位船员,手中拿着什么东西,好不容易才在最后时刻跳上救生艇。

船长问他:"你冒着生命危险拿出来的东西是什么?"船员把手伸了出来。原来被紧紧抓在手中的是一个指南针。

在这个没有一天安稳的世上,我们有自己的指南针吗?我们又是以什么作为自己的指南针呢?是什么在为我们的人生指引方向呢?

我们要通过自己认为重要的价值观来制造"指南针"。只要制造出指南针,就可以根据它的指引前进,这是我们判断人生方向是否正确的标准。无论我们做什么,又身处何处,只要拥有可以让自己反复查看的人生指南针,即使在看不见道路的荒野中,也一定可以找到出路,甚至可以开辟新的道路。你已经失去人生前进的方向了吗?或是看不到道路?那是因为你现在缺少一个指引人生方向的指南针。

那么,无论遇到哪种环境都能不受影响,精准地找出人生方向的指南针具体是什么呢?又该怎样制造呢?

我们要先找出自己认为最重要的价值观。在前面的章节中,我们已经找出自己认为重要的价值观并安排了优先级。如果你认为"爱"是最重要的价值观,"爱"就是你的指南针。如果你认为"正直"是最重要的价值观,"正直"就是你的指南针。文学、音乐等文化艺术也能成为指南针,自己所崇拜的人物当然也可能成为指南针。

即使自己的指南针不是宏伟之物也没关系,只要在我们追求心之所愿的过程中,可以帮助我们克服困难、纾解痛苦的,就能被视为指南针。成功人士的心中都有一个专属的指南针,通过指南针找到方向后,才能应对持续的挑战。

有位非常穷困的青年,深受抑郁症的折磨长达3年之久。他曾推着车卖过苹果,曾挨家挨户叫卖袜子,也当过修理工。尽管生活过得很辛苦,但他从未放弃自己的梦想。他本想成为一名画家,但一幅作品都卖不出去,即便如此,他也从不灰心。他放下画笔之后又开始写作,并在夜校教了7年的写作课。

他带着原稿四处拜访出版社，如果能够出版，他希望能将稿费的一半用于帮助穷苦的邻居。可是没有一家出版社喜欢他的作品，就在他第 5 次被拒绝后，终于有一家出版社愿意帮他出书。这就是让无数读者流下眼泪的作家李喆奂的畅销书《煤炭路 1》（《연탄길》）的诞生过程。他为自己的书画了 31 幅插图。之后，他创作的《幸福的古董商》（《행복한고물상》）和《麻脸面包》（《곰보빵》）也都是畅销之作。最终，李喆奂靠着自己热爱的画画和写作取得了成功。

为什么李喆奂在那样艰苦的环境下，依然没有感到绝望呢？

"即使是穿着满是油垢的工作服，我依然在阅读卡夫卡的作品。即使站在那些没有人想买的画作旁，我也依然在阅读卡缪的作品。因为有陀斯妥耶夫斯基和马拉美、斯坦尼斯拉夫斯基和赫曼·赫塞陪在我身边，所以我不会感到绝望。因为我有引领人生的指南针，所以我不会感到绝望。"

高二时的我曾在某个地方报社举办的写作比赛中获得了鼓励奖。从那之后，我的人生就有了指南针。其实鼓励奖是所有参加比赛的人都能拿到的奖励，但我在拿到鼓励奖后，就大言不惭地对朋友们说："用不了多久，我的文字就会像金素月的诗、李箱的小说（皆为韩国知名作家）那样被收录在课本里。以后的学生们都要学习我的作品。"朋友们纷纷说："得到第 1 名和第 2 名的人没说什么，只不过拿个鼓励奖就说个不停。"但是我的母亲鼓励我:"你真的很有写作天赋。只要你勤奋地练习,总有一天你的文章也能出现在课本里。"

接着,母亲说如果我想实现梦想,就必须做到3件事情。第一是要相信。无论是谁都会有梦想,但并不是所有人都能够美梦成真。母亲要我将"我的作品会收录进教科书"这句话像下订单似的牢记心中,同时一定要相信这件事会成真。从那之后,我就抱持着这个信念不间断地埋头写作。第二是要记录。随时记录奔往梦想的自己正处于哪个位置,以及还需要走多远。这样可以激励自己,还能获得成就感。第三是绝对不能放弃。在40年后,我的作品终于刊登在小学六年级的语文阅读手册和初中一年级的语文课本上,现在的学生们正在研读我的作品。这一切都是因为我持续跟着高二时所制造的指南针在走。当每个人都拥有支撑和引领各自人生的指南针时,人生就充满了意义。

▶ 怎样制造人生的指南针?

什么是好的指南针呢?我们跟着好的指南针生活,会洋溢着幸福感。换言之,当我想到自己的指南针时,就可以进行"方向重启",同时拥有让不适与痛苦感消失的力量。就像在街头辛苦叫卖的母亲,因为拥有"爱儿女"这个指南针,所以无论天气多冷、多热都不辞辛劳地工作。

总是指向正北和正南的指南针，能在茫茫大海上始终如一地扮演好自己的角色，而我们事先定好的那些人生重要价值观，将成为指南针的轴心，在我们失去方向或感到彷徨时，可以再次把我们拉回正轨，这就是"重启"的标准。即使来自外界的压迫感或问题导致人生遭遇危机，指南针也可以帮助我们再次找到方向。

如何制作属于自己的指南针呢？

1. 列出自己认为重要的人生价值观。
2. 选出最重要的一到两个价值观。
3. 设定短期之内一定要实现的小目标。

第一条和第二条跟价值观有关，第三条则是根据那些价值观制订出更加具体的目标。下定决心要做什么之后，如果没有付出实际行动，充其量只不过是"渴望"而已。在计划要做某事时，一定要先制造出结构完整、直指目标核心的"指南针"。

例如，若把"拥有良善的影响力"设为指引人生方向的指南针，那么设立的小目标可能就是"每天做1件好事"等，因此指南针的结构就是"拥有良善的影响力：日行一善、每天感恩5件事"。

我把自己人生的指南针设定为"拥有良善的影响力"，是为了储备能量，若将来某天感到辛劳疲惫，人生又失去方向时，就可以拿出来作为方向重启的标准，借此帮助自己暂停之后重新出发。

事实上，指南针不可能像计划表那样具体，因而一些人会担心如果不够具体，实行的动力会不会不足呢？指南针并不是目标，所以不需要特别具体，只要能帮我们找准方向，让我们知道自己每个阶段应该干什么就好了。指南针并不是实现目标的终点线，它更像是在跑道上画出的指引线，其作用是不让运动员在长途奔跑的过程中偏离路线。

仅仅是拥有明确的人生价值观还无法帮我们实现心中的梦想，下一步，就需要通过人生设计图来做出具体的规划。如果说人生价值观是指南针，那么人生设计图就是具体的地图。

不知道该怎么做时，先画人生设计图

有个朋友带着儿子来我的咨询所，他告诉我，儿子明年就要考大学了，可是整日沉迷游戏。他为儿子的前途感到担忧。我和这个孩子交谈了几小时之后，发现他是在通过打游戏来缓解对未来的不安感。他也想做出改变，但不知道自己该怎么做。正是这种来自学业和未知未来的压力，让他越来越焦虑不安，只有沉浸在游戏世界时才能暂时忘记痛苦。

这个男孩的根本问题是没有绘制好自己的人生设计图。

于是我开始教他绘制自己的人生设计图。一开始，他的态度很消极，也提不出自己的意见，但在绘制人生设计图的过程中，他慢慢变得积极起来。我知道他已经开始思考人生，并感受到自己内心中真正的渴望。后来，这个男孩的行为有了很大的改变，他开始对学习感兴趣,并最终顺利地考入名校,现在仍然在照着自己的人生设计图继续努力着。

建筑物的设计图是为了建成建筑物而设计的,那你所画的人生设计图又有什么样的作用呢?前面提到的"目的重启",并非一次就能完成,所以即使已经确定了目的,在画人生设计图的时候还是可以随时调整。

如果不画出自己的人生设计图,就有可能根据他人的人生设计图而活,这样一来,自己当然不知道自己活着的意义,也无法判断自己是否过着想要的生活,甚至无法察觉人生欠缺了什么。长此以往,就会感到空虚,甚至在某个瞬间走向崩溃。

"我想要的人生就是这样吗?"

许多人并不知道自己为什么要往那个方向走,只是跟随他人走而已,因此很容易感到疲惫和痛苦。我们要仔细地检视自己所追求的成功是不是根据他人的标准而设定的。画自己的人生设计图,就是为了重新找回自我。

当你彻底明白这个道理后,就能让自己心态变得更平和,过上真正幸福的生活。如果我们没有明确的人生目标,又要求自己时时刻刻保持优秀,这样总有一天会把自己压垮。即使是顶尖的运动员,也常常会因为这种压迫感而陷入低迷,平凡的我们又怎么可能顶住巨大的压力而毫无痛苦地生活呢?

贝丝·沙维(Beth Sawi)在《复合型人类》一书中这样说道:

"当你能获得所追求的东西时,就代表你成功了。如果你还能喜欢自己追求的事物,就代表你十分幸福。"

幸福的人并非拥有一切的人,而是创造出新事物的人。如果你想创造什么,就需要画好设计图。人生设计图是指引人在茫茫人生大海上航行的航海图。即使你始终怀揣着梦想,如果没有人生设计图,再美好的梦想也会像飘在天空的浮云,可观望而不可触及。

▶ 创造自己的人生公式,活出独一无二的美感

西班牙东南部的港口城市贝尼多姆(Benidorm)是一座高楼林立的新都市。城市中有一栋号称全欧洲最高的住宅大楼,共有47层,然而这栋建筑有个致命缺陷:20楼以上没有电梯。事实上,原本这栋建筑只准备盖20层,中途转手后才改成47层,然而设计师却忘记在设计图中加上21层以上的电梯。听起来是多么荒唐,让人啼笑皆非。但这种越重要越容易被忽视的事在生活中并不少见。例如,走到停车场才发现忘记拿车钥匙,晚餐的菜都炒好了才发现忘记煮饭,又或者到了机场才发现没带护照。

在日常生活中的小事上出错还能找到补救方法,可当人生出了错,就不那么容易补救了。为什么人生会出错?就是因为现在的你还没有画好重要的人生设计图,所以在不知不觉中根据他人

的人生设计图活着，最后迷失了自我。

没有人能预知自己的人生会如何发展，但如果我们连设计图都没有，就更难把控人生的发展方向了。没有设计图的人生就像是在黑夜中摸索前行，什么都看不到也感觉不到，甚至不知道下一步迈出去是平地还是悬崖。

如果你觉得自己只是依循社会既定的公式而活着的人，就从现在开始亲手画出自己的人生设计图吧。在画人生设计图的过程中，你会逐渐看清自己的内心，找到人生的意义。

绘制人生设计图的方法

首先找出一张白纸，在上面画出交叉的横轴和纵轴。在纵轴上标出年龄，不需要分得太细，最好是每 5 到 10 年标注一次。横轴则写上"职业""财产""角色""公益"。

我们通常将市场营销中的 4P 理论应用在制订销售策略上。4P 包括产品（product）、价格（price）、促销（promotion）和地点（place）。"产品"指要找出自己的产品与同类产品相比的优点；"价格"指考虑到损益临界点和市场现状后，要预估出合适的销售的价格；"促销"是指要策划好向消费者介绍产品的方式并给消费者留下深刻印象；"地点"指的是挑选符合营销策略、适合产品的销售渠道。

这样的理论同样也能运用在人生规划当中，在绘制人生设计图时，我们要把"我"当作一件产品，并努力将这件产品打造成自己理想中的模样。但不同的是，还需要多加一项，那就是"团队"。自我成长与"我"所在的团队的成长是相辅相成的，所以如果"我"所在的团队停滞不前，那么要么离开团队，要么帮助团队成长。

让我们再回到绘制人生设计图上。现在，请在"职业"的一栏写下想成为具备何种能力的人，例如，20岁成为"英语口语流利的人"，30岁成为"策划专家"，40岁成为"财务管理专家"，50岁成为"团队领导"。

然后在"财产"这一栏，写下每个年龄段的财务目标。例如，20岁是"跟父母同住"，30岁是"租住独立套房"，40岁是"100平方米的公寓"，50岁是"独栋别墅"等以房产为中心的财务计划。也可以用总资产来规划。虽然目标金额内包含各种资产，但是可以先设定大的财产目标后，再来根据阶段分别设定小目标。例如，在30岁后计划买房等具体事项。做好规划之后，自然而然就会有更为具体的储蓄目标，明确自己每个月要存多少比例的薪水，这些积蓄将分别用在哪些地方。

拥有目标并且为了实现目标设定计划的人与不曾这样做的人，在生活方式、态度或想法等方面存在着巨大差异。不仅如此，他们之间的差距还会随着时间的流逝越来越大。

第3栏是"角色"，请在这里写下你对自己的定位。例如，20

岁是热爱学习者，30岁是"享受工作者"，40岁是"热心公益者"，50岁是"某领域的专家"，60岁则是"受人尊敬的导师"等。

第4栏是"公益"，请在这里写下自己想给社会带来何种影响力。在动笔之前，我们需要先思考这样几个问题："我是怎样的存在？""我擅长做什么事？""我要为社会做些什么？"……如果在第3栏写下的都是对社会有益的内容，那么在公益这一栏就可以写下具体的项目。例如，20岁是"去孤儿院当义工"，30岁是"每年做4次以上的义工"，40岁是"在可负担的范围内捐款"（至少帮助5个家庭），50岁是"捐出年收入的10%"，60岁是"在偏远地区建学校"等。

最后，请在"职场蓝图"这一栏写下希望自己所属的组织获得怎样的成长。此外，也要写下个人生活中关于家庭的蓝图。

看着这样的人生设计图，我们会感到人生很短暂、时间很紧迫。但事实上，当画好设计图后，反而能有更多时间去奋斗，因为省下了许多走弯路的时间。如果你年龄已经不小了，也不需要对绘制人生设计图感到难为情。在实现目标这件事上，只要愿意迈出这一步，永远都不嫌迟。

在规划人生设计图时，有一点要特别注意，那就是画好的设计图随时可以更改。随着社会的发展和自我的不断成长，社会需求会不断发生变化，个人认知和想法也会不断地改变，因此我建议大家随时检视自己的人生设计图。

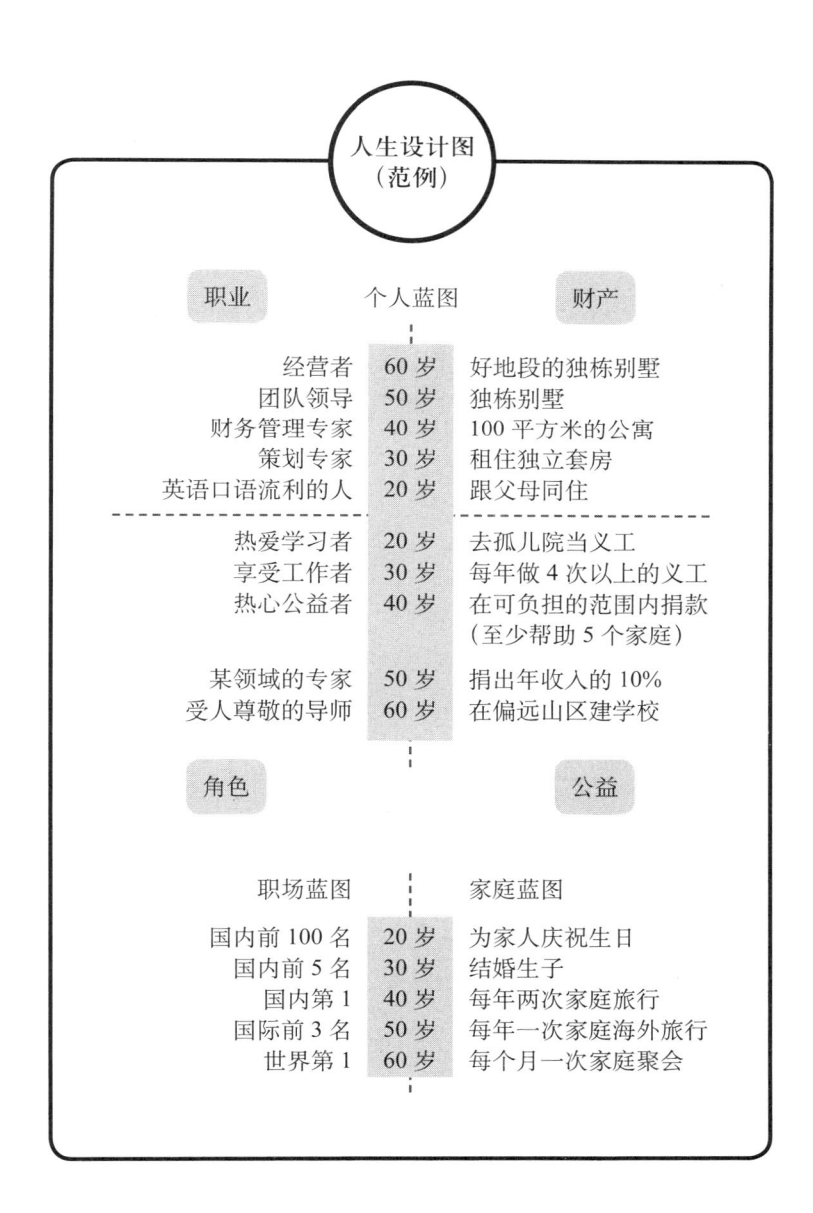

人生设计图（范例）

个人蓝图

职业	年龄	财产
经营者	60 岁	好地段的独栋别墅
团队领导	50 岁	独栋别墅
财务管理专家	40 岁	100 平方米的公寓
策划专家	30 岁	租住独立套房
英语口语流利的人	20 岁	跟父母同住

角色	年龄	公益
热爱学习者	20 岁	去孤儿院当义工
享受工作者	30 岁	每年做 4 次以上的义工
热心公益者	40 岁	在可负担的范围内捐款（至少帮助 5 个家庭）
某领域的专家	50 岁	捐出年收入的 10%
受人尊敬的导师	60 岁	在偏远山区建学校

职场蓝图	年龄	家庭蓝图
国内前 100 名	20 岁	为家人庆祝生日
国内前 5 名	30 岁	结婚生子
国内第 1	40 岁	每年两次家庭旅行
国际前 3 名	50 岁	每年一次家庭海外旅行
世界第 1	60 岁	每个月一次家庭聚会

在心生疑惑时检查方向

离破产只有一步之遥的日本激光株式会社（JLC），在近藤宣之担任会长之后，创造了公司连续23年盈余的佳绩。近藤宣之曾说："公司经营得很好往往没有什么特别的原因，但是公司经营不善一定有其原因。"当结果不如预期时，他会反省自己，重新检视之前设定的方向是否正确。

近藤宣之说的话跟我说的"方向重启"完全吻合。每个人活在这个世上，都必须随时检查当初设定的方向是否依然正确。

作为一名企业领导者，如何做才能找出正确的企业发展方向呢？请牢记以下5点。

1. 事务透明：如果自身或组织内部的成员们隐瞒一些事情，那么整个企业找不到方向或扭曲方向的概率就会很高。

2. 思想开放：我们要接受社会上存在的各种价值观，要用开放的态度聆听其他人的想法。

3. 评价公平：当个人或组织的评价标准十分明确和公平时，才能够确保前进的方向是正确的。

4. 人人平等：无论性别、身体健康状况如何，都必须毫无差别地给予平等的机会。

5. 团体合作：一个人单独处理工作出错的概率很高，而通过团体智慧来解决问题则可以避免不少问题。

获得成功的人生的基础就是确立正确的方向。在日新月异的时代中，人生不进则退，并没有所谓的维持不变，因此我们需要找出一条明确的前进道路。很多时候，失败不是因为不努力，而是因为失去了方向。许多人就像金鱼那样不知方向地在小小的鱼缸内乱游，但只要能找准目标，就可以成为洄游的鲑鱼。如果你想实现梦想，请你试试"方向重启"，你将体验到校准人生方向之后产生的巨大能量。

> **自我觉察**
> # 找出工作方向的"3 本笔记"

以前我在某企业上班时,被派到销售业绩最差的分店担任负责人。这家分店硬件设备的竞争力并不差,但销售业绩始终距离目标有一大段距离,所以在各分店中排行倒数第一。为了快速挽回损失并做出成绩,我发布了招聘广告,岗位职责是向企业、政府机关、地方团体等销售产品。

那时来应聘的人中,有位 34 岁的年轻人李正秀。他以第 1 名的成绩毕业于某名校的电子学系,毕业后在 IT 领域创业,然而因不幸遇到韩国金融危机而失败。在那之后,他的工作断断续续,家里还有两个儿子要养,所以过得很辛苦。

他没有任何产品销售的经验。不过他在面试时坚定地说:"只要你们愿意录用我,我一定拼尽全力工作。"因此他以高分被录用了。新人销售员在两周的产品销售培训之后,就各自开始工作,但奇怪的是,其他人都慢慢地做出了成绩,可李正秀两个月之后业绩还是没有起色,于是我找他谈话。

我看你比别人都更努力,为什么业绩出不来呢?

我刚问完,他就面如死灰地回答道:

我拜访了计划中的每一家企业或政府机关,但我们公司和对方供应商的竞争相当激烈,每次到最后的价格竞争环节,对方供应商总是会出更低的价格,所以我一直都卖不出去产品。

在我们的谈话中,他一直在诉苦,但我认为他的问题出在没有掌握销售技巧,所以才做不出成绩。虽然他的确努力了,但方向是错的,因此,我教他运用"3本笔记"法重新寻找正确的销售方向。

第1本笔记:找出受众群体

销售的基础就是受众群体。尽管我早已看出问题不只在于价格方面,但为了避免让这位销售员受到打击,我并没有说破。于是,我从抽屉里拿出了一个笔记本,对他说:"从今天起,你把你负责的公司所在的建筑楼画出来。"他一脸摸不着头脑地看着我。"举例来说,你负责的D大楼1楼是D银行的分店,2楼是D银行的办公室,3楼是S公司的分店,4楼是K公司的分店。那你就把1楼D银行仔细画出来,如一共有几个职员、有几台办公电脑、电脑是什么品牌的、多久之后就必须替换。掌握这些信息之后，要一一写下来。此外包括 1 楼 D 银行的分店长是哪位、采购人员是谁等信息，在调查之后也要写在笔记本上。然后用同样的方法把 2、3、4 楼每家店面的情况记录后并背下来。一个月之后，你只要看到这栋大楼，就必须对每层楼需要多少台电脑和预计替换的时间了如指掌。"

我继续跟他说："像这样了解 D 大楼之后，接下来对 G 饭店也要用相同方法仔细地画出来。再接下来，其他销售点的情况也要一一了解并记录在笔记本上。"

只要好好使用这个笔记本，就能掌握市场营销中的人口统计方法。这样一来，这个笔记本就是你的受众群体记录本了。如果还没有找好受众群体就去做销售，就像不知道方向却要去北极探险一般。

第 2 本笔记：找出自己的独有性

我又拿出了第 2 个笔记本，并对他说："这是一本培养自己独有竞争力的剪贴笔记本。在向企业或其他组织提交销售方案时，你是怎样准备产品目录的呢？"

"一般是直接向顾客介绍产品。我会将几个品牌的产品目录都拿出来给顾客看。"他这样回答我，跟我预想的一样。

"但拿着这么多产品目录向顾客介绍不是很不方便吗？顾客

一次也记不住这么多信息吧。"我一边摇头一边回答他。

然后,我告诉他:"你需要准备你自己独一无二的产品目录。例如,当你想向顾客推荐一台 29 英寸的电视机时,就在这个本子上画出格子,然后将 A 牌、B 牌、C 牌、D 牌的 29 英寸电视机图片粘贴在格子里,并在下面写上每个品牌电视机的价格、规格、优缺点、适合哪种人群等。这样一来,你手中就有一份产品简报,当你拿着这样的产品简报向顾客推荐时,你就能马上根据顾客的需求,提出精准的建议,当顾客感到自己的需求被满足后,自然就能成交。"

在这里要注意的是,我们不需要将产品的设计理念和价格全部背下来。因为这种书面化的语言是无法打动顾客的。我们要做的是通过对比和分析,将不同产品的优缺点找出来,然后用通俗的语言向顾客介绍产品。

在商业领域,如果我们抱着模仿别人或和别人差不多的想法来行动,无异于什么都不做。为了让我的产品"被选择",就必须事前找出自己独有的竞争力。

第 3 本笔记:管理关系

我拿出最后一个笔记本。这个笔记本是用来管理与顾客的关系的。在工作过程中,我们会遇到许多主管、经理、总裁等拥有最终决定权的重要客户。许多人拿到这些人的名片之后,只是放入了名片夹，而我要求李正秀把重要客户的名片一一贴在第3本笔记本上。一张名片贴一页，然后思考自己可以为这些人做些什么。

我们并不需要做什么特别或夸张的事情，即使是为他们送去很小的一份关怀，也对维护好人际关系有很大帮助。例如，某位老板过生日时，我们可以为他寄一张手写的生日卡片。好的出发点就能带来好的结果，要做到对客户尽心尽力、诚心诚意，就必须先把销售业绩放在一边。因为在维持关系时，态度是非常重要的。如果心里只想着要沾沾成功人士的好运，或者急于提高自己的业绩，那可能会适得其反。此外，我们也要多方收集客户的兴趣，了解客户的家庭成员、个人偏好，这些信息也要一一记录下来，并要经常思考这些信息在什么地方能用上。

一年后，李正秀终于成为全店业绩第1名的王牌销售员。因为他优异的成绩，我管理的分店也脱胎换骨，从业绩最差的分店一跃成为全公司业绩最好的分店。李正秀后来对我说："现在是我赚钱最多的时候，感谢你在我什么也不懂的时候帮我找到正确的方向。"我也感到非常有成就感！

第四阶段

Phase IV

再出发——流程重启

成功的人会在失败中学习,然后用其他方法重新尝试。
——人际关系学大师 戴尔·卡内基(Dale Carnegie)

成功之路一定是别人没走过的路

公元前 3 世纪罗马开始了一项巨大的公共工程——修路。罗马的道路四通八达，让罗马成为千年帝国。通过建立流程来增进沟通就像是在铺路，当工作推进不下去时，我们就得铺设新的道路，然后重新出发。

暂停是为了开辟新道路。在做一项工作时，首先要梳理好流程，否则会浪费许多时间和精力。如果我们能找到最优的流程，那一定会事半功倍。"工作的流程"和"人生的流程"都需要持续调整、完善和创新，而答案早就存在于现有的流程中。我们要仔细检视现有流程是否可以精简，在完成对现有流程的评估后，就可以进行自我判断和重启了。

我们不能总是抱着"现有流程是完美的"这种想法。任何一种流程都是建立在特定的环境背景之上的，所以随着环境的改变，一定要对流程不断进行检查、修改、完善。个人或组织的工作流程如果太过冗长，成功概率就会变低。漫长的流程会让人还没开始就先筋疲力尽，因此为了实现目标，修正和完善流程就显得非常重要。

从 15 世纪开始，美第奇家族就掌控着佛罗伦萨的经济，在经过 350 年后最终却走向了没落。为什么美第奇家族会走上没落之路呢？许多历史学者认为美第奇家族衰败的直接原因，在于柯西莫三世的领导能力不足。虽然我也同意这个说法，但我认为最主要的原因还是他们沿袭即有流程而过得过于安逸。

"伟大的灵魂出生于伟大的家族，当灵魂衰败时，家族也将走上灭亡。"我完全同意延世大学金相根教授的说法。曾经追求卓越的个人、家族或企业，当他们开始满足于现状，不再有更高的追求之后，就必然走向没落。一度位于巅峰之位的美第奇家族会衰落，就是因为没有重启流程。当你意识到流程的力量比累积财富更重要时，就是开窍的时候。

▶ 高效处理小事才能按期完成大事

如果不改善流程，个人或组织也绝对不可能持续成长。那些拥有卓越能力的人都是跟随着时代潮流不断重启流程的人。而如何重启流程又决定了事情在未来将要如何发展。

为什么星巴克的经营团队要让霍华德·舒尔茨（Howard Schultz）重新归队？为什么现在的苹果公司被称为"没有乔布斯的苹果"？"建立流程和改变流程"的能力就是企业的竞争力。无论你想达到什么目的，或想得到什么，首先要做的就是"流程重启"。

在"方向重启"阶段，我们可以确定努力的大方向，之后就要在"流程重启"阶段对其进行细化。如果你想把一件事做成，就必须诚实地面对细节。尽管处理好每一个细节也不一定就能成就大业，但如果在细节上有失误，势必影响大业。人们往往容易把小事想得过于简单，所以容易犯错。

管理好细节、找出处理小事的捷径是流程重启的基础。而要做到这些，就要对一件事彻底地进行梳理。你在梳理时是否真正做到用心了？为什么上司能看到的问题你看不到？为什么同事了解的信息你不了解？

面对人生也是如此。高手可以看到自己的努力方向出了问题，但大多数人只是心不在焉地生活着，即使早已偏离轨道也意识不到。从现在开始，要好好梳理生活和工作中的细节，然后建立新的流程。"流程重启"可以帮你开辟出全新的道路。

先犯错才有机会改变

我们在前面做过"方向重启"。如果方向已经重新设定好了，现在就是重新出发的时候。人活着就是要不断地行动，人生不可能静止。为了再次出发，我们必须重新整理流程。

或许读者们会觉得"整理流程"很难理解。一般来说，流程指的是通过各种具体办法完成工作的过程。大家可以把本书中所说的流程理解成执行某件事的顺序或过程。

在我还是一名基层员工时，我曾负责撰写分析总需求和占有率的报告。撰写这类行业报告需要大量的数据支撑，而学文科的我对数字非常不敏感，所以很多工作都有疏漏，我每次做报告时，都会被指出问题，这让我感到狼狈不堪。

我的上司每次发现我的工作有疏漏时，都会一边帮我修改数据，一边这样对我说："新员工绝对不能害怕犯错。你反而应该大胆地犯错，这样才能快速成长起来。只要下次不犯相同错误就好。"

如何才能够不犯相同的错误呢？我仔细地对自己的工作流程进行检视。思考之后，我决定逐一检查最开始输入的基础资料，从那之后，我做的报告或送出的策划案等，再也没有出现过数据错误。

我把这一连串的过程称为"流程重启"。虽然我犯了错误，但我把它视为重启的机会。如果我没有那样做，仍然持续用同一种方式处理数据，之后一定还会犯同样的错误。不只是在职场中，在生活中也是一样。我们总有遇到瓶颈的时候，这时候就需要暂停一下，重新整理流程，也就是重新检视和建立生活习惯或做事方式。

在新人时期犯错的经历，让我变成一个做事精准、干脆利落的人。无论是谁都可能犯错，差别就在于用什么态度面对错误，你可以将犯错这件事视为内心的伤痛，也可以视为再次挑战的机会。犯下错误后，绝对不能辩解或慌乱，反而应该勇敢地承担，只要改进就好。拥有想改进的强大意识和检讨的习惯，就能够把犯错转变成机会。

这就是"流程重启"。当你熟悉它之后，就不会那么害怕犯错了。即使犯了错，你也有信心可以通过改变或完善流程来解决问题。当你有过一次把犯错转变成成长机会的体验后，就能够更有自信地迎接各种挑战。

无论是在职场还是生活中,都要对自己说:"放心地去犯错吧!"如果因为害怕犯错而不去挑战,就永远都没有成功的可能性。如果你下定决心要做成某件事,就请勇敢地走上"犯错"的道路,因为那才是真正通往成功的道路。

心理学家亚伯拉罕·马斯洛(Abraham Maslow)提醒过大家:"如果你不曾尽其所能地挑战,那么在你今后的日子里,你将会很不幸。你将错过人生的各种可能性,最后结束短暂的一生。"

解决问题要靠流程重启

许多职场人因陷入职场倦怠而来找我咨询。这些人大多只是为了领一份微薄的薪水过日子才勉强自己不停地工作。他们上班时感到痛苦,但并不是因为多么讨厌这个公司或者讨厌某个同事,而是对工作本身感到厌烦。

"把所有的青春都奉献出去了,我自己还剩下什么呢?"我也偶尔会产生这种想法,也会感到闷闷不乐,但我知道我必须走出这种负面情绪。每当我产生这种想法时,就会反复阅读以下5句话来帮助自己做出改变。

喜悦——"我总是很开心地工作。"
学习——"公司教会我足以维持生计的技能。"

挑战——"如果人没有梦想,那么他也将失去自我。"
价值——"我的年薪是我自己赚来的。"
真理——"世界上没有免费的东西。"

我每天都会阅读以上内容好几次。当人的意识改变了,想法就会跟着改变;想法改变了,行为也会跟着改变。当新的意识内化之后,就会改变人生。只要愉快地工作、竭尽全力,就会在某一瞬间突然发现自己已经成长了很多。

某位刚踏入美术界的年轻画家向大师请教:"我怎样才能更成功呢?请教教我。我能够在两三天内完成一幅作品,卖掉它却要等上两三年。"

那位大师拍拍年轻人的肩膀说:"这很正常。你不如用两三年的时间完成一幅作品,也许就可以在两三天内卖掉了。"

只要改变工作和思考的方式,就会诞生奇迹。这个改变的过程就是"流程重启"。

▶ 行动缓慢的巨人

曾获得巨大胜利的个人或企业往往容易安于现状,懒于去迎接全新的挑战。斯坦福大学的教授威廉·巴奈特(William Barnett)将这样的人或企业称为"行动缓慢的巨人"。无论是在策略、技术还是系统等方面，在第一回合就获得压倒性胜利的人，内心产生的强烈自豪感将导致他们感受不到革新的必要性。而在第一回合惨败的人会分析失败的原因，并通过革新提高自身的能力。结果在第二回合中，原本的失败者反而成为胜利者。"行动缓慢的巨人"这个概念是用来提醒人们不要沉溺于过去的成功或在市场上的支配力，要永远保持危机意识，不断地进行革新。

有没有方法可以避免自己成为行动缓慢的巨人呢？有！方法就是"流程重启"。任何一种成果都是经由流程产出的，而流程本身是可以灵活变通的。无论在第一回合中获胜还是落败，都需要进行"流程重启"。落败方理所当然地要分析失败的原因和进行流程重启，但获胜方也不能因为已经获胜就固守现有的流程，因为环境和条件始终不停地在变化着，现有流程不一定能适应下一次挑战。

我建议大家最好能随时进行"流程重启"，但如果条件不允许，至少每半年就要有意识地进行一次。"流程重启"的方法如下。

个人层面："想法→行动→习惯→生活风格"

我们的想法会影响行动，反复行动之后就会变成习惯。生活习惯、饮食习惯等汇集在一起之后，就会形成生活风格。在出现不好的结果时，我们就要逐一回头反思过程并找出原因。

像这样重启流程之后，就能发现导致错误的关键点，进而纠正错误。

如果去看那些成功人士的制胜秘诀，就会发现他们成功的关键都藏在他们的想法中。美国职业棒球大联盟的选手朴赞浩说过，如果只是很会打棒球，不可能成为一名棒球选手。身为投手，除了要掌握高超的投球技术之外，还需要投球的智慧、处理危机的勇气、与同伴沟通的能力、快速看清形势的判断力等。

朴赞浩把想法转变成行动。他学习英语，让自己熟悉英语文化，通过阅读锻炼心智。通过这些努力，他不只成为一位投球技术高超的投手，更成为一位擅长比赛的投手。

企业层面："开发→采购→市场营销→生产→配送→销售→客服"

一般来说，企业的研发团队会在掌握市场和顾客的需求之后开发出新产品。采购部门会和开发团队互相协商之后决定生产哪些产品，并定出售价。营销部门则会讨论如何进行宣传，销售负责人负责推动具体的销售工作。在检视流程时，如果发现了需要重启的地方，就必须对整个流程进行全面梳理。

体质好的企业有能力通过革新来迎接挑战。某位集团董事长曾对我说："不挑战就是坏事，维持现状就是退步。因为其他企业都在进步。"

不问责没实现目标，而是问责不挑战。我对这种想法感到震惊。

在组织中的个人也是如此。当机会出现时，为了改变自己工作和思考的方式，就必须进行学习。在职读研、周末上补习班、研究最新的经营方法等，都是能帮助自我成长的重要方法。因为通过学习可以改变想法，进而改变工作的方式。

三星电子有"地区专家"制度。总公司会让员工去国外生活一年，在当地学习那个国家的文化，了解当地人的生活习惯、社会意识等，之后当公司将他们派遣到当地工作时，他们就能够发挥出强大的国际竞争力。三星斥巨资建立这种制度，就是为了督促员工学习，帮助他们改变工作和思考习惯，进而开发出全新的工作模式。

面对顾客时，我们也能用相同方式重启。我们要站在顾客的立场上思考问题，切身感受顾客对产品的使用体验，才能找出需要改善的地方。这种以顾客观点为切入点进行的"流程重启"，也能增强企业的竞争力。

▶ 如何推动"流程重启"

要想重新建立流程，就需要不断地学习。最简单的学习方法就是阅读，这也是最容易入门和最高效的方法。我在接下业绩最差的分店时，最先做的事情之一就是准备职员训练的必修课程。

我请职员们阅读培养智慧和洞察力的书籍，并写下读后感，让他们总结出可以应用在自己工作上的好方法。同时，我让几名核心成员阅读 10 本专业书籍，并请他们把阅读后的感悟分享给所有团队成员。

可能有人认为这跟工作毫无关系，其实只要你实际体验过之后，就会懂得其中的道理。不学习的人，能力是无法提升的；不阅读的人，也无法变得卓越。但有一点很重要，我们不要误解阅读的作用，通过阅读所获得的能力是不能用量来衡量的，而是用质。重要的不是你读了多少本书，而是你读懂了什么。

在流程重启中，除了学习以外，讨论也相当重要。我至今依然忘不了过去我的一位上司对我说过的话。

"放下职称后再来讨论吧。职称会阻碍好点子的诞生。营销是什么？策略是什么？为什么要工作呢？"

他要求大家放下职称后再来参与讨论，因为只有这样做，才能够让职员们更加坦率、大胆地提出建议。

李舜臣将军就是再次规划流程的高手。众所皆知的"鸣梁大捷"就是用 12 艘军舰歼灭了 133 艘日本军舰的大胆行动。其实他在开战之前，一直找将帅们讨论：怎样才能以少胜多，击败敌人？没有更好的战略吗？通过讨论并提出对策后，团队内部就能产生共识。这个过程需要反复进行，直到全体成员的思想达到一致为止。

借助这种方式,李舜臣将军在这场战争中站稳了脚步,也发挥出了他真正的领导能力。当李舜臣将军陷入危机时,就连渔夫和村民也跑来帮忙。如果领导者一个人做流程规划,那么他不可能有如此强大的影响力。在进行流程规划时,一定要让核心成员都参与进来,让他们从一开始就为团队做贡献,这也是整个团队能获得成功的关键。

我的成长笔记

　　通过改变想法来改变行动的过程就是调整人生方向的过程。我曾向许多人建议，请他们将这个过程记在笔记本上，包括记录下自己已经改变了哪些行为以及取得了怎样的成果。等过一段时间再翻开这个笔记本，就能看到自己的成长，获得满满的成就感。我把记录这些事情的本子称为"成长笔记本"。

　　我建议大家每个月记一次笔记。当你把新学到的东西整理并记录下来，就会越来越熟悉，当然也会改变对工作的想法。每个人都有可能突然因为某个原因离开公司，但离职并不是退休。离职之后，我们还是必须持续工作和参加各种活动。

　　如何才能始终保持个人竞争力呢？首先，你必须知道如何做好当下的工作。你的岗位能带给你更多的学习机会，这些实战机会是你在学校里很难拥有的。当你不够专业时,你的竞争力提不上来,就会被公司列入裁员名单。尤其是随着年龄的增长,个人精力、学习能力等都跟不上年轻人时,如果你还不是行业中的专家,那结果可想而知,一定是会被淘汰出局的。

尽管职场竞争压力很大,但你也不必过分焦虑,只要从现在开始努力学习就可以了。在工作中进行流程重启的过程也是一个学习的机会。

如何记录自己的成长呢?

请先画好表格,然后在表格第一行分别写下"现在的做法""问题""改变后的做法""成果",然后依次填写。特别是在"成果"这一栏上写得越详细越好。例如,可以写出第一周进展如何、第二周进展如何。或许一开始会犯错,犯错的过程也应该记录下来,这样才能严格地监督自己,并能看到自己逐步成长。

人是无法一夜长大的,任何质的改变都是由微小的量变引起的。所以始终如一地执行一项计划并不容易。毕竟,我们每天有许多工作要做,回到家后还要照顾家人,等这些事情做完,就已经筋疲力尽了。但如果我们把自己想要做的事记录下来,就能在大脑中留下更深的烙印。在记成长笔记的同时,还要持续检视自己生活的方式、工作的方式,并尝试做出改变。这样一来,你就会在某一瞬间突然意识到自己已经成长了很多。

记录成功过程的笔记范例如下：

	现在的做法	问题	改变后的做法	成果
1	轮船只能在码头上制造	建造码头需要巨额费用	在陆地上造船	将船架在轨道上就能轻松移动，可以节省建造码头的巨额成本
2	只使用过去所学的财务知识来处理事务	缺乏专业的会计知识	考取会计从业资格证书	可以独立负责财务工作
3	会说英语	中国客户逐年增加，但自己不会说中文	学中文	和中国客户的生意往来越来越多

精简流程才能实现高效工作

达尔文在进化论中指出,能成功存活的往往不是强大的种子,而是能够适应环境的种子。为了适应环境,我们必须摒弃以往的观念,不断创新。

近年来科技发展日新月异,可能只是一觉醒来,世界局势就会发生翻天覆地的变化。如果想积极应对环境的变化,或者主动参与时代挑战,应该如何做?如果你放任自己在时间的河流中随波逐流,绝对不可能成功游上岸。如果错过了必须做出改变的时机,就必然惨遭失败。从现在起,我们要通过"流程重启"提高工作效率,提升自我价值。

▶ 第一步：观察现有流程

想要提高效率，就必须先观察现有的工作流程。我在上学的时候就发现有些学生每天都按时交作业、笔记记得很认真，看起来很厉害，但每次考试成绩都不理想。这是因为他的学习流程有问题，导致他把时间和精力都浪费在走错误的流程上，没有将注意力放在如何学会上。所以，这样的学生需要的不是努力学习，而是努力找到正确的学习流程。

应届毕业生刚踏入职场时总是干劲十足，他们总是拼命工作，好像一天有 48 小时一样。但进入职业稳定期后，就逐渐开始松懈。适当休息，重新调整自己的生活节奏并没有错，但有些人会在这个时候掉入陷阱——认为自己已经做得足够好了。在这个阶段，我们必须学会如何有效地分配时间，要常常检视自己是不是把时间浪费在无意义的事情上。

我每天都忙于演讲和做咨询，有人问我是怎么做到在这么忙碌的生活中还能抽出时间写书的，我也总是觉得时间不够用。但我会通过检视自己每天的工作进度，想办法挤出时间写作。我养成了随时随地记录灵感的习惯，这样，等我有一段集中的时间时，就可以对最近几天记录的想法进行整理，然后很快就能写出许多东西。我会在床头、桌子上放几本想看的书，只要有空，就随手拿起来读几页。此外，我也会减少妨碍我写作的活动，例如，减少打高尔夫和聚会的次数。

如果你现在正在公司中担任领导,就要思考如何有效地管理公司的时间。时间管理属于业务内容管理,也是工作质量管理和竞争力管理。公司的竞争力是建立在高效流程的基础之上的。如果我们想比别人更快地实现目标,就必须大胆地砍掉没有价值的工作。很多团队会花费过多的时间在写策划案、报告书或是开会等事情上,若长此以往,公司的时间和精力就会被大量浪费,核心竞争力肯定提不上来。

▶ 第二步:精简流程,提高效率

在20世纪80年代,IBM被视为IT企业的代名词,但该企业在1992年遭遇了收益极速下滑的巨大危机,从此跌落神坛。因为该公司已经成长得十分庞大,内部流程冗长复杂,从前端到顾客端要消耗太长的时间,所以在回应顾客需求时就变得迟缓、僵硬。不仅如此,在这个庞大的公司中,有不少员工都安于现状,丝毫没有危机意识,所以整个公司抵御危机的能力严重不足。

就在那时,公司聘请了有名的顾问路易斯·V. 郭士纳(Louis V. Gerstner)担任CEO。上任后,他所做的第一件事情就是进行流程革新。他解散了每次都无异议通过的公司经营委员会议,这种提不出意见的会议会浪费高管的时间。此外,他还导入了新流程，要求全体高管走出办公室，亲自了解顾客的需求，以便积极解决顾客的问题。

在郭士纳改变公司的工作方式，引入新流程之后，高效文化在全公司内部扩散开来，最后获得了成功。

我们总是说没有时间，但我想问：你是否做过流程重启？如果你对现在的工作感到满意，但始终没能取得成就，那一定是因为你的时间管理没做到位。你必须找出投入较少时间但能获得更好成绩的方法，并集中精力去执行。

任何一个岗位都能找出更为高效的工作方式，你要常常思考自己是否在不必要的事情上花费了太多时间。如果是，就必须勇敢地舍弃，然后建立能够创造出更高价值的流程，并全心投入。

自我觉察
答案就在流程中

为了在时间和精力有限的情况下取得更好的成绩，你一定要进行流程革新，你必须开创出全新的、高效的、标准化的流程。只要完成流程更新，组织或个人的竞争力就能得到提升。如何才能从现在开始着手改善流程呢？答案就在流程本身之中。

通常，我们到银行办事的流程是：

取号：拿着取号单
等待：等待叫号
准备：去窗口与工作人员沟通
执行：等待工作人员办理业务
结束：所有业务办理好后离开银行

每位顾客在办理业务时都重复着相同的流程。如果排队的顾客人数始终不减少，那就说明流程出了问题。流程中的每个环节都可能有问题，所以此时就需要严谨地检查每个流程。

个人是如此，组织也是如此。韩国仁荷大学的金演成教授提出利用"西帕克"（SIPOC）模型构建流程的理论。运用该模型向顾客介绍新产品时，能帮助顾客快速了解产品特征，并找到自己想要的产品。

用 SIPOC 模型分析、改进流程

S（Supplier，供应者）：从事生产所需的所有材料、设施、装备等的供应商。

I（Input，输入）：在整个流程中需要的材料、人力、技术、装备和执行办法等。

P（Process，流程）：产品的生产过程。

O（Output，输入）：产品。

C（Customer，顾客）：购买产品的顾客。

SIPOC 模型虽然主要被应用于产品生产的过程，但也能用于了解组织中的工作流程。解决组织低效问题的捷径就是观察流程，然后从流程中找答案。

第五阶段

Phase V

贯彻——自我重启

成长是以自己的努力、时间、能力为基础的,同时也要相信自己拥有值得被发掘的价值。

——畅销作家　丹尼斯·魏特利(Denis Waitley)

享受自己正在做的事,才会对自己充满期待

姚尧是一名饱受抑郁症和失眠症折磨的女性。她在以自身经验为基础创作的《重口味心理学》中描述了自己的内心阴影。身为应用心理学硕士、专业心理咨询师的她,指出"孤独和孤立不同,因为即便是和他人待在一起,人也可能感到孤独"。同时,她也领悟到即使在肉体上跟某人互相依存,在精神层面上的孤独还是不容易消失。现代社会的人们在跟他人交流或被他人包围时,也会感到寂寞的原因就在于此。

她还发现如果某人被他人言语或精神攻击而受伤之后,会产生无力感,逐渐意志消沉,最后变得抑郁。失眠患者和因创伤后压力太大而常做噩梦,感觉片刻都无法喘息的人越来越多,像这样承受着巨大的心理压力而活着的人们,该怎么办呢?

如果你在人群中依然感到孤独，对生活提不起劲，请把视线转向自己，重新找回自己的人生。如果我们每天都强迫自己去做不喜欢的事，或者总感觉到自己的人生被他人控制，那一定会陷入闷闷不乐的情绪。我们必须培养出能够掌控自己人生的强大力量。

"我一天工作 18 小时，一周工作 96 小时。我比别人上班早，每天都工作到深夜才下班。回家后，我会开一瓶啤酒，但在喝第一口之前就睡着了。这样的生活我过了十几年。"

记者问："你是怎么撑过这段时间的？"

"我并没有硬撑，我是因为喜欢我做的事才愿意每天这样生活——更准确地说，那是一段我很享受的时光。"

这是 17 岁就踏入料理界，现在已成为迪拜帆船酒店主厨的权英民的故事。他是如何将艰辛的生活变成自己享受的时光的呢？我们可从他的座右铭中找到原因："对自己充满期待。"

英国精神科医生亚历山大·卡农（Alexander Cannon）博士说过，无论是什么难以治疗的重症，只要拥有信念就一定可以治愈。信念是指强烈的信赖感，即相信自己能够成为更棒的人。只要拥有这种信念，我们的人生就会越来越好。

大思想家丁若镛认为，人要守护的重要之物是"我"。人们总是拼死拼活地守护房子和金钱，但其实真正要守护的应该是

"自我"。如果失去了自我，即使拥有万贯家财，那个拥有者也不是自己。

▶ 如何找回自我

汤姆·沃尔夫（Tom Wolfe）的小说《真材实料》（*The Right Stuff*）中的主角是在战争中取得辉煌战果的飞行员查克·叶格（Chuck Yeager）。大多数飞行员都认为自己是过五关斩六将，一路拼出来的精英，认为自己有很强的工作能力。但查克·叶格不这样认为，他说自己是"需要不断努力和学习的人"。由于他一直十分谦虚，最终，他成为立下大功并平安归来的空战英雄。

人们通常擅长评价他人，他人有哪些缺点、有哪些优点都能够看得一清二楚，但往往不太了解真实的自己。如果你看不清现在的自己是什么样的，又怎么能描绘出未来的自己呢？发现自己、鼓励自己，才能相信自己拥有无限的潜力。

要发现真实的自己，就必须付出很多努力。我们可以经常问自己以下两个问题：

1. 我对自己的工作很有兴趣，并一直认真去做了吗？
2. 现在的我是不是正处在对工作十分熟悉的阶段？

如果你对第一个问题的回答是肯定的,那表示你的"重启"做得很好。第二个问题就比较难回答了。如果你觉得现在的工作难易度适中,几乎没有压力,那就是已经太过熟悉了,必须进行更大规模的重启。

不必和别人同步,要活得像自己

一位画家因为不满意自己的作品,一再把刚画好的画作丢进垃圾桶,并且陷入讨厌自己、哀叹和失意的情绪中。而他太太每次都会把他丢掉的画作捡回来,把"未完成的梦想"真心诚意地再次放在画架上。之后画家会凝视这幅作品许久,接着再次拿起画笔作画。经过这样反复重画,他最终完成了《圣维克多山》(*Mont Sainte-Victoire*)和《大浴女》(*The Great Bathers*)等作品。这位画家就是保罗·塞尚(Paul Cézanne),这些险些被当成垃圾扔掉的画作如今已成为许多人心中不朽的名作。

现在被视为伟大画家的塞尚,在生前其实是个被人嘲笑的丑小鸭。他的艺术风格与当时社会主流不符,那些被他丢进垃圾桶的画作,就像是他自己不想面对的失意人生。然而谁也没想到,那只被无视的丑小鸭最后摇身变为人人称赞的白天鹅。

无论是谁，都有讨厌自己的时候，工作也会有不顺心的时候。有时候我也会觉得自己所做的一切都是徒劳的，甚至想将自己好不容易获得的一点成果统统倒进垃圾桶。但我也相信被我倒进垃圾桶里的东西中也有一颗没被发现的宝石，这颗宝石必须靠自己找出来。偶尔暂停一下也不错。尽管没人愿意靠近散发臭味的垃圾桶，但是暂停之后，说不定自己就愿意去翻翻看。

如果你身边正好有一位像塞尚太太那样的支持者，真的是没有比这更幸运的事了。即使没有也没关系，我们可以自己再次展开那张被揉皱的"画作"，然后重新开始"画画"。你所讨厌的或是他人讨厌的特质，很有可能就是专属于你自己的特色。只要不放弃追逐自我，就一定能"画"出自己真正想要的"作品"。

▶ 向自己提问

"具备个人特色是危险之事。在人群中跟大家保持同一个模样，待在同一个群体中往往更加容易。"如同哲学家齐克果（Kierkegaard）所说，要活出自己并不是容易的事情。为了适应社会生活，我们不得不接受一部分社会价值观。即使我们制定了自己的目标和计划，在上路之后，又可能会有意或无意地跟随别人的脚步。这样一来，我们就可能在某一瞬间加入得过且过的众人行列，连最终的目的地是哪儿都忘了。

难倒只能让自己陷入孤独吗？

并不是，但我们首先要做到了解自己，然后才能确立人生目标，并安排好人生的优先级。如果希望自己在面临各种外界干扰时还能坚定不移地走自己的路，就需要"自我重启"。

自我重启的过程只能由自己完成，无人可以替代。

我们为自己设计的人生同时存在好几种样子，有的是为了展示给他人看的"大众人生"，有的是为了实现自我理想的"自我人生"，你在为哪种人生而拼尽全力？

要想重新设计出自己想要的人生，就要先问问自己下面两个问题：

1. 我拥有怎样的价值观？
2. 我做这件事的理由是什么？

在相同的环境中，有人不畏艰难，也有人会感到绝望，其中的原因是什么呢？我认为其中一个原因是在人群中，有人将自己定义为一个独立的个体，而有人无法与群体划清界限。如果我们忽视了自己的独立性，那就永远也找不到自己的本质，人生便会永远随波逐流。过着他人人生的人是多么失败、多么痛苦啊！可是，我们从小接受的教育就是思想、行为要符合社会的期望，把社会价值当作自己的人生价值。在这样的环境中，我们整日忙于追逐别人眼中的成功，却没有时间思考自我。所以，即便做自己会让自己显得不合群，会感到痛苦，也不要用他人的人生标准来衡量自己的人生。只有认同和接纳原本的自己，真正的"自我重启"才能完成。

别让职业名片限制自己

某天,一位与我认识很久的前辈来我的办公室找我。这位前辈刚退休不久,我问他最近在干什么,他拿出一张名片跟我说:"我最近这样活着。"我匆匆一瞥,名片设计得有模有样。他原本就是一个很有工作能力的人,看到他的名片,我以为他又找了一个地方去上班了。但仔细看了看名片上的字,才发现上面写着"自由人×××"。

我笑着问道:"果然很厉害。成为自由人之后活得一定很轻松吧!"

"没想到换掉名片之后我过得更加舒适,也看到了更多以前被我忽视了的东西。我感觉自己过去把人生过得太过狭隘了,所以就制作了这张让我的人生道路看起来更加开阔的名片,很帅吧!"

在跟我交谈的过程中，这位前辈自始至终都面带笑容。在退休前，这位前辈一直意识不到自己真正渴望的是成为一个"自由人"，他对自己的定位就是过去名片上写的那些文字，而他自己的人生就被那些文字限制住了。

我还在三星电子上班时，有一次加班到很晚，我望着窗外的夜空，感到十分苦闷。这时，公司的一位前辈这样安慰我："策划高手，你还在烦恼什么？只要做到你做得到的程度就够了。"

在职场中，我们总是根据名片上的职称活着。名片上写着"副经理"，就只做副经理分内的工作；名片上写着"经理"，就只做经理分内的工作。这也没错。但我并不打算听取这位前辈的建议，而是决心打造出"名片之外的自己"。

成为企业家是我一直以来的梦想，为了实现这个梦想，我决定改变自己，至少要像企业家一样思考。当我摆脱名片的束缚之后，我的视野扩大了，并找到了全新的工作方式，我发现自己在工作中更加积极。

虽然我一直处在工薪阶层，但仍然能培养出企业家的性格，这与这位前辈对我的照拂有很大关系。后来，我决定丢弃那张工薪阶层的名片。当我离开前景一片大好的公司，选择去当大学教授时，妻子曾对我抱怨过："那么好的公司，你为什么要离职呢？别人想进都进不去，还有不少人想继续待在那里却被公司裁员，你却主动离职。"

虽然妻子的话是事实,但我并不这样想。如果继续待在公司,待在自己熟悉的环境里,或许未来的收入是有保障的。但我已经上了 25 年班了,作为一名职员,该学的都学了,能做的也都做了,不是吗?我认为从现在起应该用其他方式发挥自己的才能,所以才主动走出舒适圈,选择一条充满挑战又充满期待的道路。当然,我离开公司时并非对自己的前程完全没有担忧,是希望迎接挑战的欲望帮我战胜了焦虑和恐惧。离开公司后,我的生活更加充实,除了规划教育课程、为企业提供咨询服务、写作以外,还经常到处去演讲等。摆脱名片对自己的限制后,我找到了更加丰富的自我。

▶ 思维局限会阻碍成长

一旦被某种思维方式限制住,就很难再想出更好的策略,思考方式也会逐渐失去弹性。不只是个人,企业也是如此。霍华德·舒尔茨在《星巴克:咖啡王国传奇》(*Pour Your Heart Into It: How Starbucks Built a Company One Cup at a Time*)一书中曾这样说:

"星巴克除了'永远要使用质量最高的新鲜咖啡豆'这个原则之外,没有什么是不能被修改和革新的。"

在他创业第 19 年时,他把"星巴克咖啡"品牌中的"咖啡"

两个字去掉，只留下"星巴克"，这一行为向人们展示了他希望推动企业革新的决心，也体现出他打算在所有可能的领域扩张事业的意志。

如果你拿到新名片时，曾这样想："从现在起可以舒舒服服地过日子了。年薪上涨了，生活水平也提升了。只要我拿出这张名片，就能获得大家的尊敬和认同了"，那么是时候从过去的人生框架中跳出来了。

▶ 制作自己的新名片

除了公司提供的名片外，也为自己设计一张能彰显个性的名片吧。

当你在完成"调整呼吸"和"定位"这两个阶段后，就应该看到自己最真实的模样，脑海中也应该浮现出你所期待的自我形象。那么就以此为基础设计自己的名片吧，请在名片上写下一句可以定义自己的话语。例如，我为自己制作的名片如下。

成功是一种习惯——
时时重启，成就更好的自己。

拥有正能量影响力的人

金玉柯

买什么会让你更幸福

康奈尔大学心理学教授汤玛斯·吉洛维奇（Thomas Gilovich）和他的同事们针对人们对幸福的感受度进行了实验。他们以"在针对物质商品和体验类商品的购买行为中，哪种会让人感到更幸福"为题，先让受试者在脑中想象某种购买行为，然后询问受试者当时的感受和情绪。例如，参加自己喜爱的歌手举办的演唱会，在现场等待开场时的心情是怎样的？接着又问受试者在购买物质商品时，例如，购买智能手机之后，等待拿到手机的过程心情如何？无论购买哪种商品，受试者在购买的当下都会出现"非常期待""很兴奋"等积极情绪。但在购买物质商品之后，大多数人都会产生"厌烦"等负面情绪。

根据这个实验的结果能够看出，人们购买体验类商品后感受到的幸福感会高于购买物质商品。回想一下自己过去的经历，你在何时感到更幸福呢？我想更多的是在小时候和父母去公园玩，或者跟恋人去旅行的时候吧。

可是，当我们逐渐融入社会生活后，就在不知不觉中执着于物质。我们不断地跟他人比较，而且那个标准往往就是物质。当你开着普通小轿车参加聚会时，发现好友开着更加昂贵的奔驰，你会感到自己显得很寒酸，因此你为了得到更好的车子而加倍努力。你想拥有比其他人更好的东西、更多的物质，但最终会发现，无论怎么努力，总会有人比自己拥有更好的东西。我们绝对不能掉进这个陷阱。或许你会想"我明明这么努力赚钱了，开的车居然比朋友的还差"，可能你会觉得自己很差劲。然而如此盲目地跟他人对比，慢慢地就会失去自我，最终失去人生方向，陷入永无止境的消极情绪循环。

那些重视生活体验的人就不会总是将自己的体验与他人的体验做比较，更不会做出价值高低的判断。我的车虽然不是名牌，款式也有些老旧，由于已经开了很长时间了，外观上难免有些斑驳，但它各项功能都很好用，甚至跟一些新车比依然毫不逊色，而且这辆车承载着我的许多美好回忆，所以我不但不想换掉它，反而希望跟这辆汽车创造更多回忆。

现在人人都有智能手机，也有很多人拿的手机比我的好，但如何使用手机则各人有各人的不同。在演唱会现场，或许每个人都跟我有着相同的感官体验，但我所感受到的情绪是只有我能拥有的，是具有唯一性的。当我把那份经验和情绪与他人分享时，我会感到更加幸福。

▶ 不是换工作，而是增加履历

经验可以帮助你变得与众不同，请为自己不断积累人生经验吧。不要每天想着"我要买什么"，而是要思考"我要体验什么"。把这个原则套用在工作上，看似是"换工作"，但所收获的经验就是"增加履历"了。我每次在演讲时，都会跟职场人强调：

"不是换工作，而是增加履历。"

许多职场人都曾考虑要不要换到更大、更好的公司上班以提高年薪。可是我认为比起"我要在哪里工作"，更重要的是"我要做什么"。我在现在的岗位上是不是已经尽全力了？当你累积了足够多的经验，培养出足够强的能力之后，机会自然就会出现。

我曾在一个韩国的国营企业为新员工举办特别演讲，我建议大家创造出"独一无二的自我"，之后，一位新员工给我写了一封信。

我叫崔演素，是众多新人中的一名。由于一直以来我都很执着第一名的荣誉，所以高中和大学都毕业于名校。

只不过，因为在相当长的时间里，我都保持着拼命往前冲刺的状态，所以现在开始慢慢感到无力。或许我把年轻当成借口，但是我从进入公司以来，并没有积极地表现过，也没有对自己的未来好好做规划。我好像只是想就这样每天幸福地过日子吧。现在我总算可以过得轻松一点了。

不过，听完您的演讲之后，我开始彻底反省自己是不是过得太安逸了。我把演讲时写下的笔记重新整理之后，正在慢慢理解和消化。非常感谢您，所以我才寄给您这封信。

从现在起，我要重新振奋精神，充满斗志地往前走。在我成为可以独当一面的人之前，我都会把您书中写的和演讲中的话放在心头。

在我读完这封邮件时，也在反思是不是自己演讲时说得太过火了？这位员工其实可以趁现在多玩乐，但同时我也觉得他能够接受我的建议，从长远来看绝对是好的。这封信也带给我莫大的勇气，并成为我再次检视自己的契机。

担心自己不够专业，不如广泛累积经验

一直以来，在韩国最受欢迎的职业是学校老师或公务员。虽然不能一概而论，但是这些都属于有保障的工作。如果是在社会上的私企上班，可能就会缺乏安全感。如果是女性，在就业方面就面临更大的压力，比如，会担心在生完小孩后职场上是否还有自己的一席之地。就算已经成为某一领域的专家也无法就此高枕无忧。即使被称为专家，为了生活也必须竭尽全力。

在这种情况下，保持什么心态，又如何培养出自己的唯一性就非常重要了。如何坚定不移地累积自己的实力呢？为了跟他人有所区别，就需要定期进行"自我重启"。

美国建国初期，有一位颇有前途的军官尤里西斯·辛普森·格兰特（Ulysses Simpson Grant）。这位年轻人对自己的能力过于自信，

态度非常傲慢，最后因为酗酒和沉迷赌博而被开除。后来，被赶到乡下的他成为一名普通的农夫，在这段时间里他进行了深刻的反省。后来在美国南北战争爆发时，他再次被征召入伍。

这次他的心态发生了很大的改变。虽然他之前是位军官，但重新入伍后，他始终保持着谦逊的态度，从做好一个士兵开始。就这样，他慢慢建立功勋，最终成为美国国防部长及第18任美国总统。

被逐出军队这件事成为他"重启"的契机。只要明确目标和方向，就不会被周围的事物诱惑。一开始他虽然沉溺于玩乐，但他在刻意暂停的时候（当农民的时期）重新检视自己，并察觉到自己做错了什么，这段经历让他之后无论遇到什么困难，内心都坚定不移，始终用谦虚的态度努力做自己擅长的事情，最终改变了他的人生。那些能获得持续成功的人和公司有什么秘诀吗？业绩差的组织可以变成第一名的秘诀又是什么呢？从绝望走向希望的秘诀，就是通过"自我重启"持续不停地对自己和组织进行革新。

我想建议大家，与其因担心自己不能成为某领域专家而感到不安，还不如专心积累自己的经验，提升竞争力。业余者和专家的差异并不是重点，重要的是能够把自己的优点展现出来，然后持续充满热情地工作。我在职场上见过很多工作能力很强的人，他们的共同点就是：无论处在顺境或逆境，都会不断地学习。学习的方法有无数种，例如，读研、听名师演讲、参加论坛或读书会、上在线课程等。学习是一件很棒的事情，但更棒的是让学习变成一种好习惯。正如社会心理学者、意志力研究专家罗伊·鲍迈斯特（Roy Baumeister）所说："解决高难度问题的最好方法，就是让练习变成一种习惯性的仪式。"事先定好时间，然后在那段时间内排除其他干扰，让学习成为自己生活中的一种仪式。通过这种方式可以慢慢积累经验，让自己从众人中脱颖而出。

从做自己能做到的事开始

不管多么羡慕他人的人生,我们都不可能过上他人的人生。同样,无论自己的人生过得多痛苦和艰难,其他人也不可能代替自己去承受。人生的负责人除了自己,别无他人。我每次遇到考验时,都会这样反复问自己以下 3 个问题,帮助自己渡过难关。

1. 现在不做,何时做?
2. 不在这里做,要在哪里做?
3. 做吗?我不做,谁可以做?

是的,对于每个人来说,此时此刻才是最重要的。现在就从自己所处的环境中,找出自己可以做到的事,然后用心去做吧。

一位犹太人因为在以色列生活得太辛苦，毫无准备的他，直接移民到美国纽约。到了纽约，他听说犹太人教堂正在招聘管理员，于是就去应聘，但他既不会说英语，也不会写字，结果当然是落选了。后来他放弃找工作，开始在路边经商。再后来，为了赚到更多的钱，他决定扩大经营，于是就去银行贷款。银行职员看到他拥有的资产时，非常开心地同意借贷。当银行员请他在相关文件上签名时，才发现他其实是一个文盲。

"你完全不懂英语就已经获得如此大的成功了，如果你懂英语，现在会做什么呢？"

他回答道："如果我懂英语，现在应该还是教堂的管理员吧。就是因为我不懂，才会去做生意，才能赚到这么多钱。"

还有一个相反的例子，含着金汤匙出生，集万千宠爱于一身的股神巴菲特的儿子彼得·巴菲特（Peter Buffett）在《做你自己：股神巴菲特送给儿子的人生礼物！》（*Life Is What You Make It*）中写道：

只要想就能够拥有这件事，其实是随时可以让我陷入万劫不复的陷阱。这个诱惑不断以各种模样出现在我面前。人们只知道羡慕我拥有的一切，但从不知道这对我来说就像是灾难。

正在斯坦福大学就读的彼得，苦苦寻找自己人生的意义。他经常被鼓励走上跟父亲相同的路，成为出色的投资家，但他始终对这条路没有兴趣。在彷徨许久之后，他找到的答案是音乐，最后他成为一名电影音乐作曲家。彼得说："我不想当富爸爸的儿子，我要为了自己而努力，成就自己的人生。"同时他还说："人生的意义不在于获得金钱、名誉和财产等东西，而是找到自己真正喜欢和乐在其中的事情，然后赋予它价值。"

无论你出生时是含着金汤匙还是铁汤匙，都会遇到不得不去做的事情，但重要的是无论在哪种情况下，都能够找出自己喜欢的事情并继续做下去。

每个人出生的环境不同，具备的能力也不同，这些虽然不是自己可以选择的，但也绝对不是无法改变的。在身处困境时，我们可以通过自己的能力改变现状，而我们唯一能做的事情，就是去做此时此刻自己能做到的事情。

许多人的生活总是充满担忧和不安，可是迟迟没有任何行动。为了我们可以越来越擅长做自己喜欢的事情，就必须不断学习、不断去做。这也是"自我重启"的方法。

真正的秘诀是热情

精神病学家维克多·弗兰克尔（Victor Frankl）博士是一位奥斯威辛集中营的幸存者，他根据自身的经历提出了"意义治疗"（Logotherapy）理论。有一次，他在凌晨3点接到一名女性的来电。

这位女性说："我也不知道自己为什么打电话给您。我原本打算自杀，吃药的瞬间突然想起您写的文章，我就在不知不觉中打了这通电话。"

弗兰克尔为了阻止这名女性自杀，竭尽全力地说服她。他们讨论得太过热烈，一直到天明，于是弗兰克尔约这名女性持续进行咨询，最终她改变了想法，决定好好活下去。

这则逸事被传开之后，大家都很好奇弗兰克尔是如何说服她的，于是人们询问这名女性是听到弗兰克尔的哪句话之后，才改变想法的。

其实我已经想不起来那时候博士说了什么，是当时博士想方设法让我愿意继续活下去的热情感动了我。

原来秘诀不是才能，而是热情。

在我们的人生中，造成巨大差距的原因往往也不是才能，而是热情。在战争中下定决心获得胜利的信念会影响胜负，所以不管拥有多厉害的武器，也无法战胜豁出性命的对手。纵使获胜了，也无法改变对手的精神意志。

能保证成功的不是能力，而是一定要做某事的热情。如果在拥有热情的同时还能拥有获得成功所需的才能，当然再好不过了。但如果才能有些不足也没关系，只要找到有才能的人，并和他一起工作就可以了。可是没有热情就万万不行，因为热情无法靠他人给予或增加。在体育竞赛中，再有才能的选手也会受到比赛当天身体状态或周遭环境的影响，只有拥有高涨的热情才不会轻易受影响。

热情来自热爱，所以我们必须喜爱和享受自己的工作。真正的高手不会害怕困难，反而是担心对工作的热爱会减弱，所以需要不断地输入热情。

直到我自己创业之后，才真正知道上班族和企业家的区别就在于"你为什么要工作"。面对这个问题，如果你无法说出"因为我喜欢这个工作"，成功就不会属于你。强迫自己工作不会产生热情，而没有热情地工作绝对不可能结出名为"成功"的果实。

▶ 不要让欲望变成贪婪

毕业于麻省理工学院，曾在神户大学经营研究所担任教授的金井寿宏，30多年来一直在研究人的欲望和领导力，他在《疯狂想做》这本书中提到引发热情的关键是欲望，而这种欲望不是由"刺激"而来，而是由"管理"而来。一时的欲望刺激，只能带来短暂的效果。

身心俱疲的现代人应该具备的真正重要的能力，是当自己想要什么的时候，可以在瞬间管理自己的欲望。

在竞争激烈的组织生活或其他比赛中，你如何才能不被淘汰呢？"自我重启"是管理欲望的好方法。刻意暂停，把注意力放回自己身上，然后思考：我为什么做这件事？我又是怎样的人？我想成为怎样的人？

这对创造出自己的精神支柱是很有帮助的。人生常常出现意外或在原地打转的情况,就像云霄飞车那样曲曲折折。如果想在其中不动摇、维持自我,就需要精神的支柱。你的精神支柱是什么?可能是爱,也有可能是梦想或家人。这些支柱会让你无论遇到什么考验或环境变化都不动摇,同时产生可以克服困难或顶住压力的巨大力量。尝过痛苦和伤心的滋味后的成长,会让人在迷茫或面对挫折时变得更坚强。

许多人会把热情或欲望错认为是贪婪或野心。的确,为了避免情绪化或太过随心所欲,培养控制自己的冲动和欲望并泰然处之的能力是很重要的,有时如果欲望太过强烈,就必须把它克制下来,以免在通往成功的路上迷失自我。只要像这样不断进行重启,即使只是暂停一下,也能够帮助你坚定地继续走下去。想成功的你,一定要成为管理欲望的达人。

自我觉察
人群中的我 VS 唯一的我

人们常常失去"自我",在人群中随波逐流。大多数人想要什么,就误认为自己也想要什么。人们也相信看到的那个"我"就是真实的我,像这样在人生中失去自我和自尊,日子当然会过得很痛苦。

我们要不停地问自己"我是谁",并且要在生命的进程中不断追寻自我。只有找到自我之后,我们做的工作、我们的人生才会成为一种哲学。在寻找自我的时候,自己所说的、所做的一切才会串联起来,并协调发展。

世界最大零售商沃尔玛(Walmart)的创办人山姆·沃尔顿(Sam Walton)十分注重培养自己勤劳和诚实的品质。他会为了节省50美分去捡别人读过的报纸,他唯一一次搭乘头等舱是去非洲的时候,可是他会对弱势群体欣然掏腰包。

他在创业的时候也很诚实地展现自己。他不被权利诱惑,真心地礼遇所有沃尔玛的职员。在他学会驾驶飞机后,就开着小型飞机视察全国各地的分店并激励大家。

　　人们常常会为了获得成功而扮演各种角色，不真诚地展现自己，走捷径或昧着良心去做事。当感觉这样做很不像自己的时候，还会自我说服"这是人情世故"。可是看看山姆·沃尔顿，即使坚持自己的原则，依然可以把事情做好，还获得了巨大的成功。

　　许多人比起自己更加"关心"他人，看不到自己的错误，却总能揪出他人的错误并紧咬不放。但想找出自我，首先要做的事情就是诚实地面对自己。每个人都有不好的地方，唯有知道那个"不好"是什么，才能够管理它。观察自己，然后把自己的缺点写出来，你才能发现自己内心充满了各种"恶"。

我很懒惰、常常说谎、傲慢、把黑说成白、得过且过、忌妒更优秀的人、容易得意忘形、用自己的标准任意评价他人、无法克制冲动……

　　像这样把自己的错误或缺点罗列出来，或许一张纸都不够用。很多人都是看别人很清楚，但是无法看清楚自己的愚昧之人。假如自己的内心中少了对对错的判断，对自己没有疑问，这样的人就不可能变得成熟。我在当教授的时候，常常对学生说，人生最重要的是"提出问题"。不提出问题，永远得不到答案。想重新设定自我，就要将自问"我是谁"的行动内化。

我还想提醒一点，那就是不可以任意修改自己所提的问题，提出问题后就要努力找出答案。只有这样做，你才会知道自己拥有的和要抛弃的东西各是什么。把该丢的丢掉，然后继续发挥拥有的才能，在这个过程中，就会发现之前自己也不知道的、专属于自己的"自我"。

第六阶段

Phase VI

飞跃——行动重启

做一件你认为做不到的事。

失败的话,就再试一次。第二次会做得更好一些。那些不曾跌倒的人是不曾站上"高压电线"的人。

这是你的时刻,拥抱它吧!

——美国脱口秀天后　奥普拉·温弗瑞(Oprah Winfrey)

暂停的目的是实现飞跃

　　重启是引发变化的有效工具。当你的生活一成不变或遇到难关时，可以通过重启催生改变。

　　我来举几个例子。即使消费者普遍认为百事可乐比可口可乐更好喝，但它总是位居第二。为了提升企业核心竞争力，百事公司转变策略，将精力从碳酸饮料转移到开特力（Gatorade）、纯果乐（Tropicana）等非碳酸饮料品牌上，终于在2005年12月实现了122年来首次超越可口可乐，夺下第一宝座的目标。美国西南航空公司在1971年6月成立时，只有3架波音737，当时没人觉得这家公司会成功。西南航空跟其他航空公司的不同之处是，它只选择利润高的航线，同时勇敢地取消了可以提高机票价位的机内餐点，此举让它快速开辟了多条航线，最终在短时间内成为美国的四大航空公司之一。

这些企业在遇到困难时并没有畏缩，反而将困难当成垫脚石，竭尽全力往上跳跃，费尽心思想出对策后就马上行动。这个方法也可适用于个人。

到现在为止，我们介绍了重启的 5 个阶段：暂停、调整呼吸、定位、再出发、贯彻。这些过程能够让我们战胜人生中遇到的苦难或倦怠，并让我们重新取得主动权。在完成之前的几个步骤后，就准备迎接属于自己的飞跃吧！

无论是谁都曾体验过"开始"，所以对于"开始很容易，但坚持很难"这句话或多或少都能产生共鸣。开始做一件事时是相对简单的，尽管也需要下定决心，也需要花费不少时间。而真正的考验是开始之后要坚持到底，并在历经磨难后获得成功。持续保持成功、维持优秀表现、不断往上跳跃则更加困难，但这并非不可能之事。通过重启，就可以实现"飞跃"。

为了"飞跃"，我们必须有所行动。到现在为止，我们都是在为跨越成长的障碍物而做准备。助跑完成之后，就要用力往上跳，而引出这个行动的就是"行动重启"。重启的成败关键在于行动重启做得如何。所谓"玉不琢，不成器"，不经历磨难很难获得成长。而只有暂停下来思考，做出正确的决定之后，才能畅通无阻地行动，为了成长而坚持下去。只有将行动重启习惯化和内在化，才能让自己不断成长。

改变行动才能改变结果

"行动重启"的核心是回顾至今为止的经历,刻意暂停后修正过往错误的行动。就像关闭开关那样中断错误的模式,然后找出正确的模式再重新开始。所以,想重启就必须做出改变,要采取全新的行动。

变化往往伴随着冲击。液体加热后会变成气体,玻璃杯被摔之后就会破裂,为了达到目的,我们必须改变行动。如果暂停只是为了休息,然后依然用惯性行动做事,那肯定不会得到与之前不同的结果。这就是很多人尽管花费了很多力气,也在不断努力,但依然无法获得成功的原因。

唯有通过划时代的行动,才能产生划时代的变革,最终实现划时代的目标。如果没有"行动重启",就无法实现更大的目标,也就无法完成更高的跳跃。

如果想把危机变成转机，就必须研究出可以减少成本的系统性方法。在各种方案中做出艰难的选择，尝试根本性的改变，避免掉入惰性陷阱，尤其是积极惰性，这是非常危险的。积极惰性是指无视未来变化，只会沿袭过去的成功模式的倾向。大部分个人或企业都是因此陷入进退两难的困境的。

通过"行动重启"可以给一成不变的生活带来冲击。在这个重启过程中，我们就不得不去改变。首先发生改变的是想法，想法变了，态度和行动也会随之改变。重新思考目标和方向时，我们的梦想和蓝图也会产生变化。而当变化到达"沸点"时，就是必须付出实际行动的时候了。经过改变的"我"是一个全新的"我"，这样的"我"会慢慢日常化，危机也就能转变成机会。

从现在开始做行动重启吧。

"行动重启"是通过以下4个阶段进行的。

删除：舍弃不需要的部分

如果想改变现状，那就要懂得区分哪些是不需要的事物。我们总是紧抓着太多并不真正需要的事物活着。正因为满手抱着太多不需要的，往往错过了真正需要的。

高速公路的自动收费系统解决了汽车为了缴费不得不放慢车速的问题。这场导入自动收费系统的变革，完全舍弃了过去人们缴纳费用的方式,带来惊人的处理速度。所以,请好好检视我们的生活中是不是存在着这些不必要的惯例或习惯。为了获得更大的成功,需要坚定地挖出这些不需要的事物并勇敢地丢弃。

强化:强化核心价值

在改变行动的时候,要往最接近本质的方向靠拢,例如,餐厅的本质是提供美味和健康的食品。因此不使用人工调味品、保证食品健康并改善食物的味道是最高的准则。"行动重启"时,就要往这个方向来强化。

在韩国很流行的日本餐厅ORENO(俺の),雇用五星级厨师、使用最优质的食材,但价位只在10000韩元左右。摊开成本来看,一般餐厅的食材费约占价格的30%,ORENO餐厅却高达60%。然而,其他高级餐厅的翻桌率如果是每天1次,ORENO餐厅则能达到3.5次。

该餐厅用高级食材做出优质的料理,强化了美味和健康的核心理念,同时通过降低价位来提高翻桌率,当然能获得成功。

混搭:引入新事物

行动重启时,也需要引入新的事物。可是我们的时间有限,所以必须尽可能把同时可以做的事情叠加在一起。把改变所需的行动加进来之后,就能重新制订出行动计划。例如,你打算开始运动，又想学习中文，那么可以把行动计划定为：每天踩上半小时的室内脚踏车，同时背中文词汇。

如果是企业，在满足顾客需求时也可以采用混搭法。如今星巴克不只是咖啡店，还为顾客提供三明治或面包。智能手机会加上音乐播放、相机等各种功能，也是为了满足顾客的多样化需求。正因如此，我们才能单靠一部智能型手机就能解决各种日常生活问题。

混搭是带来变化的重要做法。

单纯化：将流程标准化

"行动重启"的关键在于执行度的高低，所以要把新的行动方案转变成习惯。最好的行动是尽可能毫无负担地融入日常生活中的行动。如果想让"每天运动半小时"的计划更可行，就需要考虑到每天的状态或行程会有所不同，计划时需要留下变通的余地。例如，今天要走路去上班，明天要去健身房运动，这样才能够让"行动重启"自然而然地发生。如果行动计划过于复杂或固定化，很容易3分钟热度或是难以养成习惯。只有行动的标准设定得简单易行，才能产生长久的改变。

日本的中古品牌"BOOK OFF"从贩卖二手书起家，最后扩展到各种商品，成为销售二手商品的大型企业。BOOK OFF采取"以原价的10%收购，再以原价的50%销售"的标准，让二手交易赢得人心,并重击了传统书店。BOOK OFF 在经营其他二手商品时亦采用相同的准则,最终成为日本最具影响力的二手商品连锁店。

标准化和灵活性是引发变化的重要准则。

飞跃，需要毅力

据说超过 40 岁的老鹰，羽毛就会变得杂乱和厚重，喙也会变得又重又钝。当它的喙长到可以碰触到胸口的程度，爪子也不再锐利时，就会陷入生存危机。这时候，老鹰面临两个选择：一个是凄凉地变老，另一个就是通过全新的方式重生，继续帅气地活下去。

选择重生的老鹰会用岩石把喙敲掉，让新的喙长出来。当锋利的喙重新长出来之后，再把自己的爪子一根根拔掉。虽然这会带来极大的痛苦，但老鹰还是忍耐着把所有爪子用喙拔掉，因为这样才能长出锐利的新爪子。

老鹰最后还有一件事情必须做，那就是用喙把羽毛一根根拔掉。跟拔爪子的痛苦相比，拔羽毛根本就是小菜一碟。羽毛被拔光的地方会重新长出新的羽毛。经过 6 个月后，老鹰不再是垂垂老矣的状态，而是"重生"的新鹰了。这样成功变身之后的老鹰，还能再活上 30 年。

这则老鹰寓言出自郑光浩连载于报纸上的《故事经营学》，在企业的变革训练中常常被引用。真实的老鹰不可能这样脱胎换骨，但即使不是真的，这个寓言依然被许多人一再提起，原因就在于它带给人们极大的启示：老鹰的一生就好比我们的人生。假设人们可以活到 80 多岁，通常在 60 岁时退休，人生还剩下将近 30 年的时间，所以我们很希望自己能像老鹰那样，站在人生十字路口的时候能想出对策。即使你现在还不到即将退休的年龄，也可能遇到某种障碍，站在需要做出选择的道路上。我们是打算将就着过完这一生呢，还是选择再次重生呢？

如果你选择后者，那就必须付出代价。那个代价就是"毅力"，是忍耐着痛苦把爪子一一拔掉，也把羽毛一一拔掉，像老鹰那样坚毅地撑过艰难的历程。

人们经常认为累积知识、拥有才能后，就可以成为具备竞争力的领导者。但其实无论知识多丰富、拥有多大的才能，也不等于就是优秀的领导者。因为想成为有能力和竞争力的领导者，不可或缺的要素其实是毅力。

飞跃也需要毅力。每次想放弃时，通过重启获得重生，就能创造出新的行动模式。只要有毅力地去执行，就一定能够成功。

▶ 信念铸成毅力

我是在远离城市 8 千米之外，全村只有 24 个人的小乡村长大的。直到我读高二时，村中才有电灯。你应该可以想象我的故乡是一个多么贫穷的地方。我父亲是最基层的公务员，母亲从事农业，两人就这样养活了一家人。

在我幼小的心中，常常抱怨在这种农村生活是多么艰难和不公平。我母亲看着这样的我，总是说："有梦想的人不会被打倒。拥有梦想的人，无论身处哪种环境都能够克服万难并最终实现目标。"母亲说要实现梦想需要 3 样东西：第一是坚定地相信梦想一定能成真，第二是不被动摇的决心，第三是坚持不懈地做一件事。然而，那样比谁都坚信我的梦想能够实现的母亲，在我大一时就离开人世了，那年她才 49 岁。

我当时受到极大的刺激，感到莫名的彷徨。那时候让我重新站起来的是我跟母亲约定的梦想。至今母亲好像还在我身边鼓励着我："有梦想的人不会被打倒。"40 年过去了，我幼年的梦想大部分也都实现了。当然也有运气好的成分，但如果我不曾拥有梦想，想必就会沉浸在生不逢时的自怨自艾中，就此一蹶不振。

大家的梦想是什么呢？为此做出过什么努力吗？无论是多么伟大的梦想，如果没有为此坚毅地努力，梦想就只是梦想而已。

为了实现梦想,就必须有坚持执行的毅力。

安杰拉·达克沃思曾获被誉为"天才奖"的麦克阿瑟奖,在她的畅销书《坚毅:释放激情与坚持的力量》中探究了毅力与成就的高度相关性。

她在研究西点军校学生的过程中,注意到西点军校的入学考试非常严格,极高的SAT(美国大学入学测验)分数和卓越的高中成绩是必备条件。除了推荐信之外,在体力评比中也要获得高分,录取率只有不到9%。更惊人的是这些经过激烈竞争后获得入学资格的学生,毕业前每5位中就有1位被淘汰,而且其中大部分学生通常在入学7周内就会被淘汰。

想考进西点军校至少要准备两年,有些学生居然在入学两个月之内就退学了。她对那些中途放弃的新生情况进行分析,发现他们放弃很少是因为能力不足。那些决不放弃、坚持到底的学生反而留到最后。通过研究,她发现这个惊人的事实:能否坚持到最后,与其处理危机能力的高低毫不相关。

工作中的谈判也是如此。要想获得谈判的成功,前提就是不轻易放弃。只要你认定这是为了团队一定要去做的正确之事,那么即使有可能因此使你离开现在的职位,也必须积极地进行谈判。

我没有系统地学过谈判心理学,但我认为在谈判和咨询中如果存在着唯一重要的因素,那就是毅力。这个毅力并非只是等待时间过去的那种毅力,而是只要认定这是正确的事,即使没有人认同也会竭尽全力坚持到底的毅力。

那么,这种坚持到底的力量又是从何而来的呢?这是拥有梦想的人才拥有的力量。在美国西点军校的入学新生中,实现梦想的想法越强烈的人,就越能够产生克服困难的力量,也越能发挥出更强的毅力。我在很小的时候就知道,比起穷苦,更可怕的是没有梦想。因为没有梦想,就代表着对未来也不怀抱任何希望。更何况,毅力绝对不会背叛自己。

轻易能获得的东西也更容易失去

某天,有一位女大学生来研究所找我。她就读于名校,出生于富裕家庭,生活看起来无忧无虑。但她有一个苦恼,那就是肥胖。她大部分时间都在学习,几乎不运动,加上她喜欢通过吃东西来缓解压力,就在不知不觉中变成重度肥胖了。

她来找我咨询,想知道怎样才能改掉暴饮暴食的习惯,也想知道有什么方法可以忍住想吃的欲望。我对她说:"自己已经意识到的习惯,反而更难改掉。"并对她提出两个要求。

第一是当感到压力很大时,马上停止正在做的事情,改变身处的环境。离开现场是最简单的方法。为了让自己感受到环境的改变,就需要尽可能地制造大的变化,例如,从室内走到室外、从学习转移到听音乐,或是去接触大自然。如果原本是在自己房间内学习，可以转移到图书馆学习，或者出去散步。当环境改变了，就可以摆脱当下脑海中的想法。

第二是自己要意识到"想成功减肥，就必须通过艰苦的考验"这个事实。另外，绝对不能焦虑。如果开始减肥之后没几天就觉得没什么成效而想放弃，那不要说减肥了，任何一件事都做不成。我们必须知道，没有付出努力和汗水就轻易获得的东西也很容易失去。所有事情都必须付出相对应的热情和艰辛。

最后我告诉她，以上都做到之后，只要采用"少吃多运动"这个普通原则就一定能减肥成功。

3个月之后，她告诉我她真的减肥成功了。见面时我还差点没认出来，她充满自信，开朗地笑着，跟之前的样子完全不一样。从她身上我看到一种成功人士常有的神采。我真的替她感到开心。我问她减肥是不是很辛苦，她说是的，自己是靠着坚强的意志坚持到底，最终才减肥成功的。

先做不想做的事

大家在学生时期，每次学习前会先整理书桌吗？花上好几个小时整理书桌后，因为太累反而不想学习了，只好安慰自己"至少我把书桌整理好了"。真正重要的事情是学习，但因为讨厌学习而选择先做简单的事情，最后还没开始学习，就累了。

工作也是如此。每个人都有不擅长的事。有些人害怕打电话，有些人害怕做报告。当我们面前有好几件事情要处理的时候，通常就会把自己不擅长的事情摆在最后，反而先处理现在不做也没关系的事情。还有一种情况是一早来到公司，不立即开始工作，反而花些时间去做毫无意义的事情。

可是，业绩好的人一定会先做那些令人头疼和困难的事情。特别是在精力充沛、注意力也最集中的早晨，因为早晨是我们能不受干扰地处理许多事情的时光。如果错过早上的时间,即使是简单的事情也会变得困难。大家是不是会习惯性地把困难的事情往后延呢?任何一个领域的专家都会将优先处理困难的事变成习惯。

▶ 越是回避,越觉得难

生活的乐趣在于实现目标,而为了实现目标就要做一些不得不做的事。即使是困难的事,也要无条件地去尝试。如果一再推迟,内心的恐惧就会慢慢长大,最后演变成厌恶。这样一来,这件事将变得比原来还要难上好几倍。我们要像即将上战场的将军那样,眼一闭、心一横,从最讨厌的事情开始处理。无论墙壁多高,当我们实际去推它时,说不定会意外地发现其实很容易推倒。

如果你是组织里的领导,更应该带头去推倒困难之墙。领导者魅力的重要元素就是身先士卒,以身作则。为了成为更优秀的人,自己必须先战胜自己。

我建议你每天晚上写下"明日待办清单"。从最困难的事情开始写起,而且隔天早上醒来之后,要按顺序去完成。这样做可以防止因为去做不重要但简单的琐事而浪费时间。只要将这种行为习惯化,一定可以获得更高的成就。

▶ 不是讨厌，而是害怕

通常上班或创业 3 年以上的时候，就会开始觉得自己对工作内容和身处的环境都相当熟悉了，特别是面对负面事件时更是如此。然而，无论身处什么位置，如果没有做到超过 5 年，绝对不可以说自己已经了解一切。3 年的工作经验只算得上已经具备了某领域的专业知识，很多东西还没摸透。那些工作越久的人越常说自己不知道的东西还有很多。越是这边看看、那边瞧瞧，总是三心二意的人，说出的话越像是什么都懂的样子。

无论是谁都会制定目标。刚开始时，每个人都满怀热情地做事，内心也非常坚定。可是一遇到小困难，原本坚定的心一下子就变得脆弱不堪。各种魔鬼般诱惑的声音不断传入耳中，开始对恶意评论神经兮兮。原本无论遇到什么事情都要实现目标的那种雄心壮志，已经不知道跑去了哪里，只会一直帮自己找各种借口，也不找任何人商讨，自己就下了结论：

我能做的都做了。我总算知道这不适合我。

然后这些人就马上转向其他目标——就算这些目标实现的可能性看起来也相当渺茫。因为当无法实现目标时，没有任何借口比"不适合自己"更好的了。

当人们对某件事感到害怕时，常常说成是"讨厌"，这是一种把自己行为合理化的做法。

因为谁都不喜欢承认自己会害怕。当目标无法实现时，诚实地说自己害怕目标是相当不容易的事情。人们以为说"讨厌这个目标"或"当初目标没设定好"之类的话，就可以掩盖住自己的恐惧，但是这样做并不会带来任何改变。不管用哪种借口，失败的结果都不会改变。与其把力气花在寻找借口上，还不如正面迎向目标，集中精力去解决问题。这样做不是更好吗？

不需要犹豫不决，把各种问题根据重要性排好顺序后，一一攻破即可。首先要做的是反复尝试解决问题的核心办法，那就是无条件地去闯一闯。看起来很坚固的墙壁，当我们去冲撞时，说不定没有想象中那么难以攻破。为了成为更好的人，自己一定要战胜自己。

自我觉察
有斗志才能做出改变

你还记得那个抱着凌云之志、初入公司的自己吗？你还记得充满期待去创业时的自己吗？那时候的热情是否已被浇灭了？坚定不移的心能让我们不忘初衷，让我们可以逃出诱惑和危险的沼泽，也在我们摔倒的时候为我们带来重新开始的勇气。为了在艰难时刻能做到不放弃目标，坚定地走向目的地，我们就要培养斗志。

被称为"经营之神"的松下幸之助曾这样说过："我们公司一定能实现目标。因为我们会做到实现目标为止。"

即使看起来很愚蠢，但绝对不可以放弃。只有坚持到底的人才能获胜。团队也需要斗志。革新的真正敌人不是反对革新的人。要说服反对者之前，真正要面对的敌人是自己内心的脆弱。如果你确信革新是可以让组织获利的正确行动，就必须积极地说服反对者，扭转局面，让大家愿意跟你一起努力。革新最终是靠斗志来完成的。

我的人生转折也是靠斗志支撑的。许多人这样问我："过去有无数人都尝试革新，但最终都失败了。你为什么能成功呢？"

我是这样回答的："因为我下定决心一旦拔出刀，即使面对的是坚硬的磐石也毫不犹豫地砍下去。这就是斗志。"

那么，忍受所有指责和抱怨，坚持到成功为止的斗志从何而来呢？当你积极地传达革新对所有人都有益处的这一信息，斗志自然就会展现出来。革新和变化随时都可能面对反对者。如果对此感到害怕，那什么事情也做不了。而如果是没有人反对的革新行动，其价值也很小。

画出更大的蓝图吧，然后展现出一定要实现梦想的决心，用坚强的意志去挑战吧。拥有斗志可以让我们的人生更美好，更加发光发亮。怎样才能克服学历自卑感呢？是什么让我们拥有面对失败的勇气呢？什么是引领你走向正确方向的指南针呢？又是什么让你即使在穷途末路的时候，依然拥有坚强的心，不忘初衷，做着现在的工作还不感到疲惫呢？那就是斗志。

你是真心诚意地渴望有所成就吗？那么，与其在意他人眼光，还不如对目标灌注强大的热情。把那个依附在团队内苟延残喘的恶习丢掉吧。你应该学会用创业者思维来工作，这样一来，你的内心才会充满面对失败的勇气。

如果你有"寄生虫"习惯，就会对自己身为某某组织的一员这个身份感到满足，觉得薪水才是最重要的。相反，如果你有创业者思维，无论做什么事情，都会让人觉得你的身上散发着耀眼的光芒。

　　斗志是在训练和成长过程中产生的。对于目标的渴望、一再挑战的勇气、即使死亡来临也要往前迈进的恒心，这些都会成为自己最强的武器。强烈的斗志能够展现出自己独特的魅力，也能帮助自己坚守初心。通过不断的挑战，你最终会培养出自己的特质。

结语

暂停的勇气

现如今，无论是企业还是个人，都在为了美好的明天而不断努力着，为了获取更好的绩效而参与激烈的竞争。但好像从没有人说停一下也没关系。

事实上，暂停是需要非常大的勇气的。在我暂停的时候，我也会担心同事们是不是会超过自己。要知道，重启是为了遵从自己的想法活着，所以在重启的过程中，我们也要勇敢地抛开他人的眼光。

你可能是因为被公司解雇、因过劳而身体出现问题，或者是精神上支撑不住而不得不暂停一下，但这些问题都不是大问题，你完全可以通过重启来解决。不过，我们最好是在这些情况发生之前就及时做好调整，通过重启来不断改善自己的状态。

需要特别强调的是，重启不是只做一次就够的事。在漫长的人生中，我们要常常停下脚步回顾自己的过往，然后不断做出调整，再重新出发。因为一旦我们不再做出改变，人生的后半场将一眼望到尽头。停止重启，就很容易失去活着的希望。

重启可以让我们反复打磨初心，当我们将重启变成一种习惯之后，就可以常葆初心，因此千万不要丢失那份重新检视自己后再次出发的勇气。

我在对朋友提供建议时，也会发现其实我自己根本无法那样活着。不是我不知道该怎么活，而是由于一直以来养成的习惯一时半会儿改变不了，这时候就需要重启的勇气。

当我们发现自己正在走的路无法到达目的地时，就必须下狠心抛弃过去的习惯。同时，为了不让自己沉迷于现在的安逸生活，不遗失客观的眼光，最好随时检讨自己的目标。同时，站在他人立场来回顾自己的人生，也有助于更加全面地观察自己。

重启是我通过自己的经验，并借鉴了许多我提供咨询服务的案例之后，总结出来的一套工具。我很清楚重启是我们人生旅途中必备的过程。我非常开心能够跟读者们分享这些内容。

我希望看完这本书的读者们至少可以学会如何检视自己。我们总是把每天的时间表安排得满满的，甚至一停下来就产生罪恶感。当我们习惯了这种忙忙碌碌，没有时间深入思考的生活后，就变得不知疲惫，直到有一天遇到重大困难才发现问题。我希望大家能常常回顾自己的过往，跟自己进行对话，最好能够培养出"暂停的勇气"，让自己开启新的成长阶段。我真心地希望大家通过重启让人生过得更幸福、充满活力和热情。

最后,请各位读者谅解本书的不足之处。我也知道每个人的人生轨迹和现在的处境都不相同,因此我希望大家可以通过从"暂停"到"飞跃"的重启过程,实现各自现阶段的成长。

在此,我希望能将本书献给每位渴望在校园、职场、人生中常葆热情和初心的人。